高等职业教育智能制造领域人才培养系列教材

高等职业教育机电类专业立体化系列教材

Digital Twin

Production Line Process Simulation

U0218840

数字孪生
——产线工艺仿真

◎主　编　何　懂　肖琴琴

◎副主编　梁永晖　雷思晗

◎参　编　刘文涛　廖　彪　林城宏

机械工业出版社

CHINA MACHINE PRESS

本书通过实例系统全面地介绍了Process Simulate软件各个模块的主要功能和操作方法。本书的内容包括：定义工业机器人、定义及安装工业机器人工具、工业机器人路径规划、传送带的构建、机器人工作站运行调试以及Process Simulate人因仿真。

本书可作为高等职业院校智能控制技术、工业机器人技术、电气自动化技术及机电一体化技术等专业的教材，也可作为从事数字化设计、数字化仿真、虚拟调试等相关岗位的技术人员，特别是刚接触数字孪生技术的工程技术人员的参考用书。

本书配备了丰富的教学资源，通过扫描书中的二维码可观看软件操作步骤，随扫随学。本书还配有电子课件，凡使用本书作为教材的教师可登录机械工业出版社教育服务网（www.cmpedu.com）注册后下载。咨询电话：010-88379375。

图书在版编目（CIP）数据

数字孪生：产线工艺仿真 / 何懂，肖琴琴主编 . — 北京：机械工业出版社，2023.3

高等职业教育智能制造领域人才培养系列教材　高等职业教育机电类专业立体化系列教材

ISBN 978-7-111-72381-3

Ⅰ . ①数… Ⅱ . ①何… ②肖… Ⅲ . ①数字技术 – 应用 – 自动生产线 – 仿真 – 高等职业教育 – 教材 Ⅳ . ① TP278

中国国家版本馆 CIP 数据核字（2023）第 010554 号

机械工业出版社（北京市百万庄大街 22 号　邮政编码 100037）

策划编辑：薛　礼　　　　　　责任编辑：薛　礼
责任校对：李　杉　于伟蓉　　封面设计：张　静
责任印制：郜　敏
中煤（北京）印务有限公司印刷
2023 年 7 月第 1 版第 1 次印刷
184mm×260mm · 15.75 印张 · 346 千字
标准书号：ISBN 978-7-111-72381-3
定价：53.00 元

电话服务　　　　　　　网络服务
客服电话：010-88361066　机 工 官 网：www.cmpbook.com
　　　　　010-88379833　机 工 官 博：weibo.com/cmp1952
　　　　　010-68326294　金 书 网：www.golden-book.com
封底无防伪标均为盗版　机工教育服务网：www.cmpedu.com

前言

　　顺应"岗课赛证"教学模式改革，探索数字孪生X证书标准的课证融通教材是新时代职业教育改革的迫切需求，广大高等院校师生及工程技术人员迫切需要一本智能制造生产线工艺仿真的教材，因此编者开发了以"项目导向、任务驱动"为编写体例，以智能制造生产线工艺仿真模型为载体，以实际工作过程为案例的"新形态"教材，辅学辅教具有十分重要的意义。

　　为了深入贯彻落实全国高校思想政治工作会议精神，根据教育部相关职业教育文件要求，本书融入了课程思政教学的内容，更符合职业教育培养新时代高素质技术技能型人才的目标要求。本书将"立德树人"理念付诸实践，深入挖掘专业课程素质教育元素，探索解决思想教育与专业教学的融合发展。

　　本书以《广东省职业技能培训"十四五"规划》为支撑，通过实际案例全面介绍了西门子Process Simulate软件各个模块的主要功能和操作方法。

　　本书深入贯彻落实《国家职业教育改革实施方案》，将传统制造技术与互联网技术结合，积极推进数字孪生应用技术在智能制造领域的发展，针对为制造强国战略所急需的高素质技术技能人才的教育和培训提供科学案例进行了有益实践。

　　本书由深圳信息职业技术学院何懂、深圳市华兴鼎盛科技有限公司肖琴琴担任主编，广东省国防科技技师学院梁永晖、东莞市技师学院雷思晗担任副主编。参与本书编写的还有深圳市华兴鼎盛科技有限公司的刘文涛、廖彪和林城宏。编者根据社会需求并结合实际应用经验编写了本书，希望广大读者阅读完本书后，能够快速上手、熟练使用Process Simulate的相关模块。

　　在阅读本书时，读者应尽可能地发挥主观能动性，多练习、多实践，从而获得更多的应用体验和体会。希望本书能起到抛砖引玉的作用，打开读者的思路，也希望读者们能够举一反三、融会贯通。

　　由于编者水平有限，书中难免有不当之处，敬请广大读者批评指正。

编　者

二维码索引

绪　论

【案例分享】

成就"上海特斯拉速度"的关键在哪里？

一般来讲，像上海特斯拉这样规模的汽车工厂从建厂到投产，需要少则一年半、多则两年的时间。但实际上从动工到交付，特斯拉上海工厂仅用了不到一年时间。

传统工厂光是设计就要花掉大半年时间，特斯拉上海工厂是如何创造"当年开工，当年投产，当年交付"的呢？

广州明珞汽车装备有限公司作为全球各大车企的产线供应商，在数字孪生技术方面抢先一步，成功地将该技术应用在上海特斯拉数字化汽车生产线的建设上。2019 年 1 月 7 日举行奠基仪式，破土动工；9 月全面验收通过；10 月拿到生产资质，开始生产 Model3；12 月 30 日，国产 Model3 正式在上海工厂向员工车主交付。广州明珞公司应用了西门子数字孪生技术，为特斯拉上海工厂大大缩短了设备调试时间，提升了产能，为年产 50 万台车的高要求做精密细致的调整规划，堪称汽车史上的一个奇迹。

数字孪生技术是一种科技的创新，是未来科技强国的核心竞争力之一。

一、Process Simulate软件与本书内容

Tecnomatix Process Simulate 是由西门子公司推出的一款工艺仿真解决方案，可促进企业范围内的制造过程信息协同与共享，减少制造规划工作量和时间，在虚拟环境中早期验证生产试运行及通过在整个过程生命周期中模仿现实过程，提高了过程质量。

Tecnomatix Process Simulate 是 Tecnomatix Application 的一个组成软件。西门子系列产品线

中，数字化制造品牌 Tecnomatix 是专门面向数字化制造领域的软件解决方案，它由零部件制造、装配规划、资源管理、工厂设计与优化、人力绩效、产品质量规划与分析以及生产管理等核心软件构成。这些软件的功能包括：浏览生产设施的数字孪生；访问在其地理环境中显示生产设施的、基于云的 3D 模型；虚拟化调试、优化自动化系统，并在系统安装和生产之前，在虚拟环境中调试 PLC 编程。

本书共 6 个项目。项目 1 介绍 Process Simulate 软件的主页和建模菜单栏、新建研究文件、定义工业机器人模型、导入 CAD 文件、图形查看器工具条、运动学设备工具栏、设置机器人关节运动、定义机器人姿态、基准坐标系和工具坐标系；项目 2 介绍运动学编辑器、机器人工具的运动学关系和姿态、机器人菜单栏、机器人工具的安装与调试；项目 3 介绍视图和操作菜单栏、模型布局和机器人路径规划、路径编辑器、信号查看器、仿真面板工具样、抓握对象列表、工具坐标转换和基于时间序列的仿真调试；项目 4 介绍机运线、创建操作工具栏、传感器工具栏、资源工具栏、传送带和顶升机构；项目 5 介绍装配产线 CEE（周期事件评估）模式调试和单个工作站 CEE 模式调试；项目 6 介绍人因仿真，一种是通过任务仿真构建器创建人机操作，另一种是直接创建行走操作。最后在附录中介绍了 Process Simulate 的安装和软件使用的一些快捷键功能。

二、Process Simulate软件的主要功能

Process Simulate 软件是一款利用仿真环境进行制造过程验证的生产数字化孪生解决方案，可以对工厂、生产线、工位的制造工艺进行设计、分析、仿真和优化。

Process Simulate 软件包括以下几个主要功能：

1）装配优化：可以使工程师能够确定最高效的装配顺序，满足冲突间隙并识别最短周期。

2）人体工学：用于分析和优化人工操作的人机工程，从而确保根据行业标准实现人机工程的安全过程。

3）工艺仿真：从早期规划到详细工程阶段仿真以及离线编程，用户能够在一个仿真环境中设计和验证焊接、抛光、喷涂等工艺过程。

4）机器人仿真：用户能够设计和仿真高度复杂的机器人工作区域，为所有机器人设计无冲突路径，并优化其运行周期。

5）虚拟调试：在虚拟环境中，用户能够使用导入真实设备中的 PLC（可编程控制器）代码和使用 OPC（OLE for Process Control）的实际硬件以及实际的机器人程序，来确保最真实的

运行环境，最终达到虚拟调试与真实调试的无差别结果。

6）从虚拟调试到实物调试：用户能够通过真实设备中的 PLC 代码、HMI（人机交互）组态程序、OPC 的实际硬件以及实际的机器人程序，完成最真实的虚拟运行环境。完成虚拟调试后，将 PLC 等数据导入到真实设备中，最终达到设备的实物调试。

三、Process Simulate用户界面

（一）"欢迎使用Process Simulate"界面

Process Simulate 软件启动后，会出现如图 0-1 所示的"欢迎使用 Process Simulate"界面。此界面为用户提供了多种快捷功能，用户可以方便地进行以下操作：

1）选择打开一个最近使用的文件。

2）新建一个文件。

3）以标准模式或生产线仿真模式打开一个文件。

4）观看新增功能描述和视频。

5）设置 Process Simulate 选项。

6）进入 Process Simulate 社区进行技术交流。

7）设置研究数据存放的系统根目录。

图0-1 "欢迎使用"界面

1—标签 2—历史记录 3—新功能展示 4—选项 5—系统根目录 6—打开 / 创建仿真 7—链接到其他网站

（二）用户使用界面

用户使用界面是 Process Simulate 软件的主要功能界面，界面布局如图 0-2 所示。

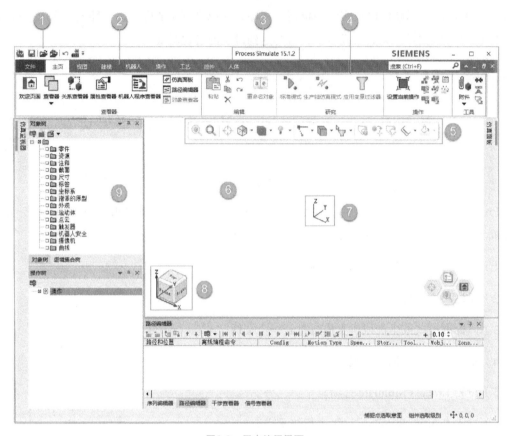

图0-2　用户使用界面

1—快速访问工具栏　2—菜单栏　3—标题栏　4—工具栏　5—图形查看器工具条
6—图形显示区　7—工作坐标系　8—导航方块及坐标系　9—导航树及编辑器

1.快速访问工具栏

快速访问工具栏用于设置最常用的功能，如图 0-3 所示。该工具栏中显示的按钮能够定制，单击该工具栏最右侧的下三角按钮，系统会弹出下拉菜单，单击"更多命令"按钮，系统弹出"定制"对话框，如图 0-4 所示，用户可以将常用的功能定制到快速访问工具栏中。

图0-3　快速访问工具条

图0-4 "定制"对话框

2.菜单栏

Process Simulate 软件的菜单栏包含"文件""主页""视图""建模""机器人""操作""工艺""控件"和"人体"9 个项目，不同菜单中包含的功能也不相同。下面做简要介绍。

（1）"文件"菜单 "文件"菜单如图 0-5 所示，部分选项功能说明见表 0-1。

a）文件菜单选项

b）断开研究功能选项

c）导入 / 导出功能选项

图0-5 "文件"菜单

表 0-1   "文件"菜单栏选项功能说明

序号	文件菜单	说明
1	最近的文件	可以快速打开最近查看的文件
2	断开研究	1）新建研究：创建新的研究文件，创建的研究文件扩展名为"*.psz" 2）以标准模式打开：以标准模式打开本地的一个研究文件，标准模式是基于时间的仿真模式 3）以生产线仿真模式打开：以生产线仿真模式打开本地的一个研究文件，生产线仿真模式是基于事件的仿真模式 4）保存：保存当前研究文件到系统根目录下 5）另存为：以新的文件名、类型及路径保存当前研究文件
3	导入 / 导出	1）转换并插入 CAD 文件：可以导入 JT 文件、NX 文件、CATIA 文件、ProE 文件、STEP 文件、IGES 文件及 DXF 文件 2）导出 JT：导出 JT 标准格式文件 3）将查看器导出至 Excel：以 Excel 表格的形式导出序列编辑器、路径和位置等信息 4）导出图像：导出图形显示区域的图像，格式可以是"*.bmp""*.jpg""*.gif"和"*.tif"

　　"帮助"文档功能可以快速启动帮助文档，如图 0-6 所示。用户通过帮助文档可以获悉有关如何使用命令、对话框的帮助信息。使用搜索及查找功能，可以快速地找到所需要的内容。

图0-6　帮助文档

帮助文档默认的启动位置位于"Siemens PLM Doc Center"中，需要联网才能打开。为了方便地打开帮助文档，可以将启动位置更改到本地。在程序启动中打开"Tecnomatix Doctor"对话框，选择"Tools"选项中的"Help Settings"选项，如图 0-7 所示。在"Help Settings"对话框中勾选"Local file（.chm）"选项，然后单击"OK"按钮即可。

"选项"对话框中可以完成应用程序的设置，能进行"常规""单位""外观""干涉""性能"和"仿真"等多种选项的设置。在"选项"对话框中，选择用户想要的选项，然后单击"确定"按钮，如图 0-8 所示。

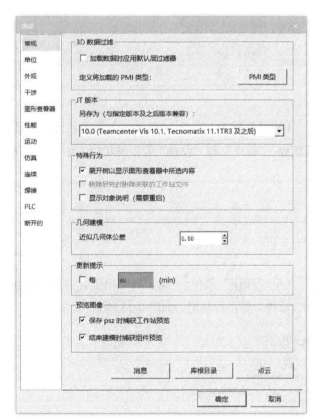

图0-7 "Help Settings"对话框　　　　　图0-8 "选项"对话框

（2）"主页"菜单 "主页"菜单包含"查看器""编辑""研究""操作"和"工具"等多种功能，如图 0-9 所示。

图0-9 "主页"菜单

（3）"视图"菜单 "视图"菜单包含"屏幕布局""方向""可见性""截面""摄像机"和

"真实着色"等多种功能，如图0-10所示。

图0-10 "视图"菜单

（4）"建模"菜单 "建模"菜单包含"范围""组件""电缆""布局""几何体"和"运动学设备"等多种功能，如图0-11所示。

图0-11 "建模"菜单

（5）"机器人"菜单 "机器人"菜单包含"工具和设备""可达范围""播放""示教""离线编程""程序"和"设置"等多种功能，如图0-12所示。

图0-12 "机器人"菜单

（6）"操作"菜单 "操作"菜单包含"创建操作""添加位置""编辑路径""体""模板"和"事件"等多种功能，如图0-13所示。

图0-13 "操作"菜单

（7）"工艺"菜单 "工艺"菜单包含"规划""离散""弧焊""连续""喷涂和覆盖范围"和"喷水"等多种功能，如图0-14所示。

图0-14 "工艺"菜单

（8）"控件"菜单 "控件"菜单包含"资源""传感器""机运线""映射""调试"和"机器人"等多种功能，如图0-15所示。

图0-15 "控件"菜单

（9）"人体"菜单 "人体"菜单包含"工具""姿势""仿真""分析""人机工程学"和"捕获运动"等多种功能，如图 0-16 所示。

图0-16 "人体"菜单

3.导航方块及坐标系

导航方块及坐标系工具（图 0-17）用于快速进行视图操作。选择方块上的"TOP""Right""Front""Left""Back"和"Bottom"面，分别代表将视图切换到俯视、右视、前视、左视、后视和仰视方向。单击方块右下角显示的 图标，视图将逆时针旋转；单击 图标，视图将顺时针旋转。单击方块左上角的 图标，视图将返回初始方位。单击方块左下角的 图标，系统将出现"导航设置"对话框，可以设置导航方块及坐标系的显示状态和旋转方向，如图 0-18 所示。

图0-17 导航方块及坐标系

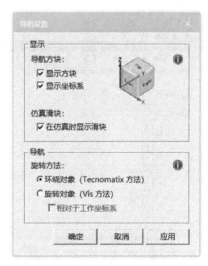

图0-18 "导航设置"对话框

4.标题栏

标题栏显示目前使用的软件版本号及研究文件名，如图 0-19 所示。

图0-19　标题栏

5. 搜索命令和对象

搜索命令和对象工具用于快速查询软件应用环境中的命令，快捷键为 <Ctrl+F>，其放大镜图标位于菜单栏的右上角。输入关键字后，会显示出与关键字有关的所有命令、对象，如图 0-20 所示。

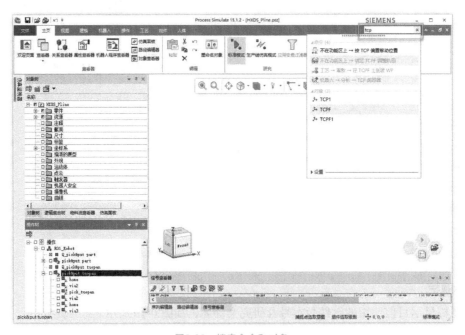

图0-20　搜索命令和对象

（三）快捷键的设置

默认状态下鼠标快捷键的使用方法如下：

1）滚动鼠标中键可以放大、缩小窗口立体图形。

2）按住鼠标中键＋右键，移动鼠标，可以平移图形。

3）按住鼠标中键，移动鼠标，可以旋转图形。

快捷键设置步骤见表 0-2。

表 0-2　快捷键设置步骤

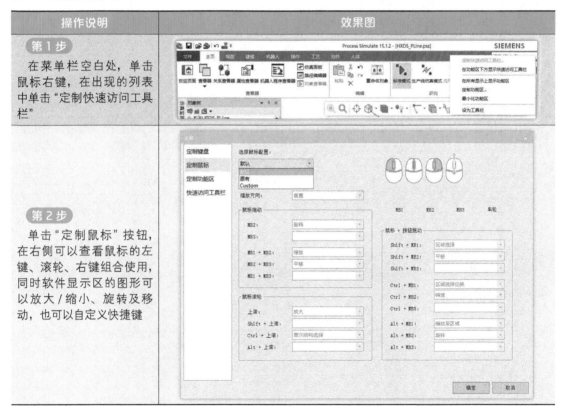

操作说明	效果图
第 1 步 在菜单栏空白处，单击鼠标右键，在出现的列表中单击"定制快速访问工具栏"	
第 2 步 单击"定制鼠标"按钮，在右侧可以查看鼠标的左键、滚轮、右键组合使用，同时软件显示区的图形可以放大/缩小、旋转及移动，也可以自定义快捷键	

项目1
定义工业机器人

本项目通过 Process Simulate 软件，把工业机器人的 3D 模型赋予机器人的相关属性，使机器人能够进行关节移动、旋转及重定位运动。

2019 年 4 月，具有近千年历史的巴黎圣母院被一场大火烧毁，让人痛心，如图 1-1 所示。幸运的是，有一家游戏公司曾把整个巴黎圣母院场景进行了完全 1：1 的数字孪生还原！正是因为有了可以提前备份的数字孪生技术，才得以让巴黎圣母院今后可以完成近乎厘米级的还原、重建。现实中的巴黎圣母院虽然被烧毁，但是在虚拟世界中，它得到了永生。数字孪生技术其实是一项存在了近半个世纪的技术，如今它被越来越多的人所熟知和应用。

图1-1　巴黎圣母院

任务 1　导入工业机器人模型

一、任务描述

在本任务中，通过对 Process Simulate 软件的学习，学生能独立创建新的研究文件，并正确导入 ABB 工业机器人 IRB1200 的 3D 模型。

二、任务目标

技能目标：

1. 熟悉 Process Simulate 软件界面。

2. 掌握研究文件的创建方法。

3. 掌握显示区域视图的平移、旋转及移动的方法。

4. 掌握 3D 模型的定义及插入方法。

5. 掌握 CAD 文件直接导入的方法。

素养目标：

1. 明确学习这门课的重要性，初步进行职业规划。

2. 了解工业机器人的发展历史及其在中国制造业中的地位、工业机器人技术的发展趋势，培养学生对行业的认知及职业素养。

三、知识储备

（一）"主页"菜单栏

通过"主页"菜单里的工具按钮，可以实现设置视图结构、插入操作及查看机器人程序等功能。"主页"菜单栏如图1-2、图1-3 所示。

图1-2　"主页"菜单栏（一）

图1-3　"主页"菜单栏（二）

1. "查看器"工具栏

（1）"查看器"按钮　通过此按钮可以打开或者重新打开需要的查看器，如图1-4 所示。

在下拉菜单中，一共提供了14种不同类型的查看器供用户在仿真研究过程中选用。Process Simulate 默认打开的查看器有6种，包括操作树、对象树、仿真监视器、干涉查看器、路径点编辑器和序列编辑器。

（2）"关系查看器"按钮　单击此按钮可以查看所选仿真研究对象与其他对象及操作之间的关系，如图1-5所示。

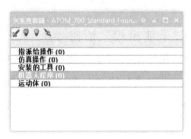

图1-4　各种查看器　　　　　　　　　图1-5　"关系查看器"对话框

（3）"属性查看器"按钮　单击此按钮，用户能够查看所选对象的 eMServer 软属性。

（4）"机器人程序查看器"按钮　单击此按钮，用户可以查看和跟踪机器人操作和程序。

（5）"仿真面板"按钮　单击此按钮，用户可以打开新的仿真面板，以查看信号和逻辑块元素，并与它们交互。可以同时打开多个仿真面板。

（6）"路径编辑器"按钮　单击此按钮，用户可以打开路径编辑器，以查看程序路径，并与之交互。可以同时打开多个路径编辑器。

2. "编辑"工具栏

（1）"粘贴"按钮　快捷键为 <Ctrl+V>，单击此按钮，可以粘贴所选择的对象。

（2）"剪切"按钮　快捷键为 <Ctrl+X>，单击此按钮，可以剪切所选择的对象。

（3）"复制"按钮　快捷键为 <Ctrl+C>，单击此按钮，可以复制所选择的对象。

（4）"删除"按钮　快捷键为 <Delete> 键，单击此按钮，可以删除所选择的对象。对象可以是操作、零件、坐标系和资源等。

（5）"撤销"按钮　快捷键为 <Ctrl+Z>，单击此按钮，可以撤销之前的操作。

（6）"重做"按钮　快捷键为 <Ctrl+Y>，单击此按钮，可以重做之前的操作。

（7）"重命名对象"按钮 ▦ 快捷键为 <F2>，选中对象，单击此按钮，可以重命名研究中的对象。

3."研究"工具栏

（1）"标准模式"按钮 ▸ 单击此按钮，可以进行基于时间的仿真研究。

（2）"生产线仿真模式"按钮 ▸ 单击此按钮，可以进行基于事件的仿真研究。

4."工具"工具栏

（1）"附件"按钮 ▤ 此按钮的下拉菜单包含"附加"（图标为 ▤ ）和"拆离"（图标为 ▤ ）两个按钮。"附加"按钮将一个或多个对象附加到另一个对象上，附加对象会随着被附加的对象一起移动。"拆离"按钮能将附加对象从被附加对象上拆除。

（2）"干涉模式"按钮 ▸▸ 在"干涉查看器"对话框中单击"新建干涉集"图标（图1-6），在出现的"干涉集编辑器"中指定需要干涉检查的对象，如图1-7所示。然后单击"文件"→"选项"按钮，在"选项"对话框中选择"干涉"选项卡，设置相关参数，如图1-8所示。开启"干涉模式"后，可以在显示区看到对象之间的干涉情况。

图1-6 "干涉查看器"对话框

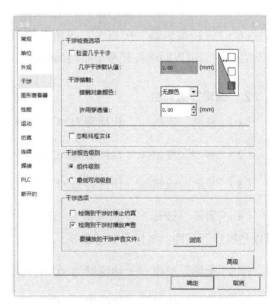

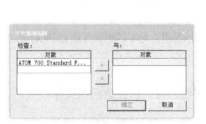

图1-7 "干涉集编辑器"对话框

图1-8 干涉参数设置

（二）"建模"菜单栏

通过"建模"菜单栏里的工具按钮，可以设置/结束模型、插入组件、设置工作坐标系，可以新建零件、组件、资源及复合资源，可以快速放置对象、恢复对象初始位置、创建全局坐标系等。"建模"菜单栏如图1-9、图1-10所示。

图1-9　"建模"菜单栏（一）

图1-10　"建模"菜单栏（二）

1. "范围"工具栏

（1）"设置建模范围"按钮　单击此按钮，可以激活并展开所选组件。未激活机器人组件的状态如图1-11a所示，激活后展开的机器人组件状态如图1-11b所示。将该组件设置为活动组件，再根据需要修改所选组件或者创建零件。可以同时对多个组件进行上述设置。

a）未激活机器人组件状态　　　　b）激活后展开的机器人组件状态

图1-11　所选组件激活前后的状态

（2）"结束建模"按钮 如果完成了对组件的修改或零件的创建，则可以单击此按钮结束建模。可以将修改后的组件或新创建的组件复制到软件系统根目录或其他位置。

（3）"设置工作坐标系"按钮 快捷键为 <Alt+O>，单击此按钮，系统会弹出如图 1-12 所示的对话框，可以在对话框中设置新的工作坐标系或将工作坐标系恢复到初始位置。

（4）"设置自身坐标系"按钮 选中组件对象，单击此按钮，系统会弹出如图 1-13 所示的对话框，通过勾选"从坐标""到坐标系"两个复选框，可以将所选组件对象的自身坐标系定位到新的位置。

1）"保持方向"选项：勾选此复选框，自身坐标系移动到新的位置时，方向保持不变。

2）"平移仅针对"选项：勾选此复选框，自身坐标系的位置不变，但方向改变。

3）"重置"按钮：单击此按钮，自身坐标系将返回到初始位置。

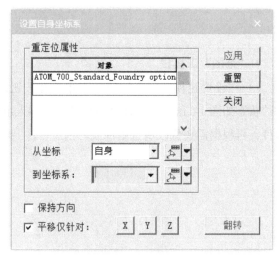

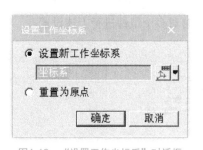

图1-12 "设置工作坐标系"对话框   图1-13 "设置自身坐标系"对话框

注意事项：

① 要使用此按钮的功能，需要先通过"设置建模范围"按钮将组件激活展开。

② 在"选项"对话框的"图形查看器"中勾选"显示自身坐标系"复选框，如图 1-14 所示。

（5）"重新加载组件"按钮 单击此按钮，系统会弹出如图 1-15 所示的对话框，单击"是"按钮，可以将已做修改但尚未保存的研究对象恢复到修改前的状态。

（6）"将组件另存为"按钮 默认情况下，组件修改完成后单击"结束建模"按钮，修改结果会保存到原始组件中。如果不希望更改原始组件，则可以单击"将组件另存为"按钮，系统将创建一个新的组件，如图 1-16 所示。

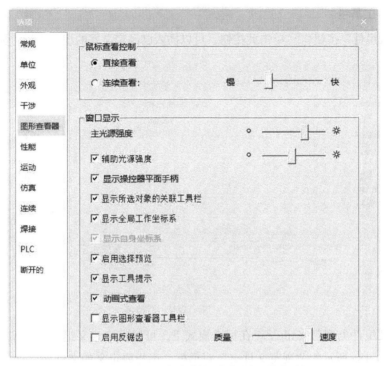

图1-14 勾选"显示自身坐标系"复选框

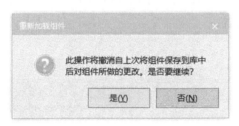

图1-15 "重新加载组件"对话框

图1-16 "将组件另存为"对话框

2. "组件"工具栏

（1）"插入组件"按钮 단击此按钮，可以插入已经定义好的组件类型，如图1-17所示。

图1-17 "插入组件"对话框

（2）"定义组件类型"按钮 在标准模式下，可以批量定义组件的类型。单击此按钮，系统弹出如图1-18a所示的"浏览文件夹"对话框，选择要定义的文件夹后，单击"确定"按钮，会弹出"定义组件类型"对话框，如图1-18b所示。依次设置组件的类型，最后单击"确定"按钮，完成文件批量设置。

a）"浏览文件夹"对话框

b）"定义组件类型"对话框

图1-18 定义组件类型

在"定义组件类型"对话框中，如果是对文件夹进行类型设置，则文件夹中的所有组件都会被设置为同一种类型。也可以展开文件夹，对文件夹中的每一个组件分别进行类型设置。

（3）"新建零件"按钮 单击此按钮，系统弹出如图1-19所示的对话框，选择创建零件的类型，单击"确定"按钮，零件创建成功。如果在创建之前没有选中节点，则默认创建的零件嵌套在"零件"节点下。零件可以拖动或复制粘贴到复合零件节点下。

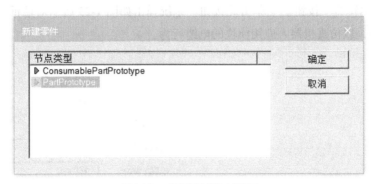

图1-19 "新建零件"对话框

（4）"创建复合零件"按钮 单击此按钮，可创建复合零件，如图1-20所示。在选中"复合零件2"的节点下创建的节点样例为"复合零件3"；如果在创建之前没有选中节点，则默认创建的复合零件嵌套在"零件"节点下。可以拖动或复制粘贴复合零件到新的复合零件节点下。

（5）"新建资源"按钮 单击此按钮，系统弹出如图1-21所示的对话框。选择节点类型，单击"确定"按钮，资源创建成功。如果在创建之前没有选中节点，则默认创建的资源嵌套在"资源"节点下。资源可以拖动或复制粘贴到复合资源节点下。

图1-20 创建的复合零件的节点

图1-21 "新建资源"对话框

（6）"创建复合资源"按钮 单击此按钮，可创建复合资源，如图1-22所示。在选中"复合资源1"的节点下创建的节点样例为"复合资源2"；如果在创建之前没有选中节点，则默认创建的复合资源嵌套在"资源"节点下。可以拖动或复制粘贴复合资源到新的复合零件节点下。

3."电缆"工具栏

（1）"电缆编辑器"按钮 ⌂　单击此按钮，系统弹出如图1-23所示对话框，用户可以创建或编辑柔性电缆，以仿真机器人应用模块的电缆行为。

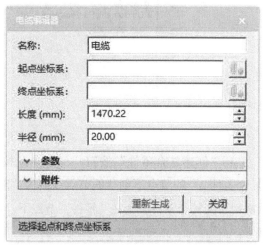

图1-22　创建的复合资源的节点　　　　　图1-23　"电缆编辑器"对话框

（2）"重新生成电缆"按钮 ⌂　单击此按钮，用户可以根据定义的参数和当前坐标系位置重新生成任何所选柔性电缆。

（3）"电缆设置"按钮 ⌂　单击此按钮，用户可以设置或编辑柔性电缆，用于仿真机器人应用模块的电缆行为。

4."布局"工具栏

（1）"快速放置"按钮 ⌂　通过此按钮，可以将所选对象或者组件在X-Y平面上移动并放置到新的位置。

（2）"恢复对象到初始位置"按钮 ⌂　通过此按钮，可以将所选对象或者组件快速还原到所选对象或组件的原始位置。

（3）"对齐"按钮 ⌂　单击此按钮，选中对象，用户可以沿轴对齐或分布对象。

（4）"复制对象"按钮 ⌂　单击此按钮，用户可以创建所选对象的副本实例。实例的位置取决于轴和间距的选择。

（5）"镜像对象"按钮 ⌂　单击此按钮，用户可以相对于平面镜像一组所选对象。可以指示要替换镜像对象还是要创建新的镜像副本。

（6）"创建坐标系"按钮 ⌂　单击此按钮，系统会弹出如图1-24所示的下拉菜单，可以通过4种方式创建坐标系。

1）"通过6个值创建坐标系"按钮：单击此按钮，系统会弹出如图1-25所示的对话框。在相对位置中分别输入X、Y、Z的值，在相对方向中分别输入Rx、Ry、Rz的值，确定坐标系原点位置及坐标轴方位，或者在显示区域任意捕捉一点来确定这6个参数，然后单击"确定"按钮，完成坐标系的创建。

2）"通过3点创建坐标系"按钮：单击此按钮，系统会弹出如图1-26所示的对话框。每一行代表一个点的坐标，其中第一点用于确定坐标系原点的位置，第二点用于确定X轴的方向，第三点用于确定Z轴的方向。

图1-24　创建坐标系的4种方式

图1-25　"6值创建坐标系"对话框

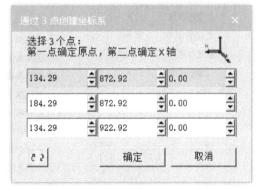

图1-26　"通过3点创建坐标系"对话框

3）"在圆心创建坐标系"按钮：单击此按钮，系统会弹出如图1-27所示的对话框。每一行代表一个点的坐标，通过3个点自动定义一个圆。坐标原点位于圆心，对话框中的第一个点用于确定X轴方向，Z轴垂直于3点所在平面。

4）"在2点之间创建坐标系"按钮：单击此按钮，系统会弹出如图1-28所示的对话框。每一行代表一个点的坐标，通过2点创建坐标系。坐标系原点默认在2点的中间位置，可以通过对话框中的滑尺调节坐标原点的位置，第二个点用于确定X轴方向。

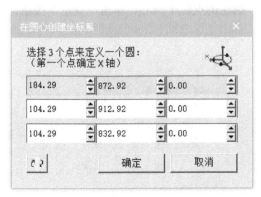

图1-27　"在圆心创建坐标系"对话框

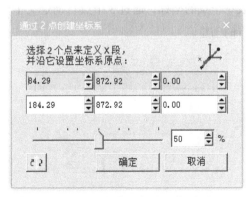

图1-28　"通过2点创建坐标系"对话框

5."几何体"工具栏

（1）"创建实体"按钮 △ 单击此按钮，系统会弹出如图1-29所示的下拉菜单。可以选择创建方体、圆柱体、圆锥体、球体和圆环体，对实体对象可以进行求和、求差及相交的操作，还能进行缩放、拉伸和旋转等操作。

（2）"创建曲线"按钮 ∿ 单击此按钮，系统会弹出如图1-30所示的下拉菜单。可以选择创建多段线、圆、曲线和圆弧，还可以进行线段的编辑操作。

（3）"创建点"按钮 ✛ 单击此按钮，系统会弹出如图1-31所示的下拉菜单。可通过如下3种方式创建点：

| 图1-29　创建实体 | 图1-30　创建曲线 | 图1-31　创建点 |

1）"3值创建点"按钮 ✛：单击此按钮，系统会弹出如图1-32所示的对话框。在相对位置中分别输入X、Y、Z的值，或者在显示区域任意捕捉一点来确定这3个参数，然后单击"确定"按钮，完成点的创建。

2）"在圆心创建点"按钮 ✛：单击此按钮，系统会弹出如图1-33所示的对话框。每一行代表一个点的坐标，通过3个点自动定义1个圆，创建的点位于圆心，单击"确定"按钮，完成点的创建。

| 图1-32　"3值创建点"对话框 | 图1-33　"在圆心创建点"对话框 |

3）"在 2 点之间创建点"按钮 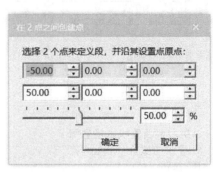 ：单击此按钮，系统会弹出如图 1-34 所示的对话框。每一行代表一个点的坐标，通过 2 点创建点。创建的点默认在 2 点的中间位置，可以通过对话框中的滑尺调节点的位置。

图1-34 "在2点之间创建点"对话框

（三）导入CAD文件

Process Simulate 可以将多种不同格式的 CAD 文件导入到系统中进行研究仿真。它既可以导入标准格式 JT 文件，也可以导入 NX 文件、CATIA 文件、ProE 文件，还可以导入 STEP、IGES 及 DXF 文件。导入 CAD 文件的操作步骤见表 1-1。注意：要将文件导入 Process Simulate 软件中，需要安装 CAD Translators 软件。

表 1-1 导入 CAD 文件的操作步骤

操作说明	效果图
第1步 选择菜单栏"文件"，在下拉菜单中单击"导入 / 导出"→"转换并插入 CAD 文件"命令	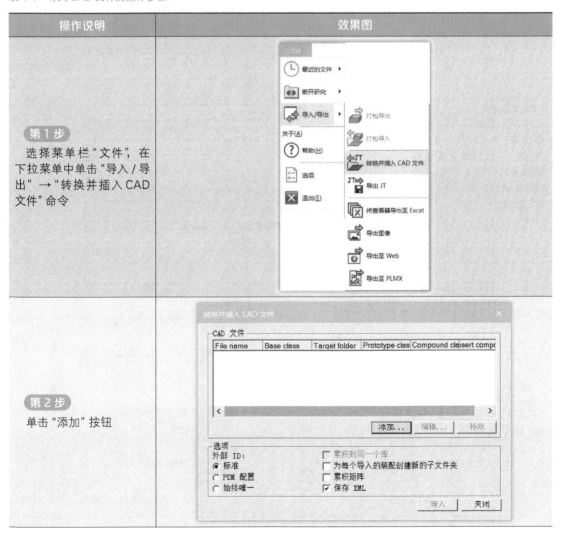
第2步 单击"添加"按钮	

（续）

操作说明	效果图
第3步 在本地计算机中找到需要导入的文件，单击"打开"按钮	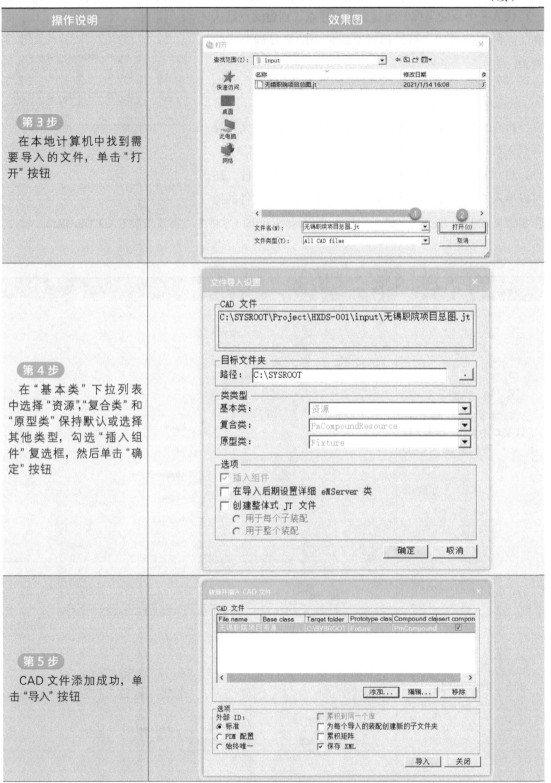
第4步 在"基本类"下拉列表中选择"资源"，"复合类"和"原型类"保持默认或选择其他类型，勾选"插入组件"复选框，然后单击"确定"按钮	
第5步 CAD文件添加成功，单击"导入"按钮	

（续）

操作说明	效果图
第6步 CAD文件转换成功提示，单击"关闭"按钮	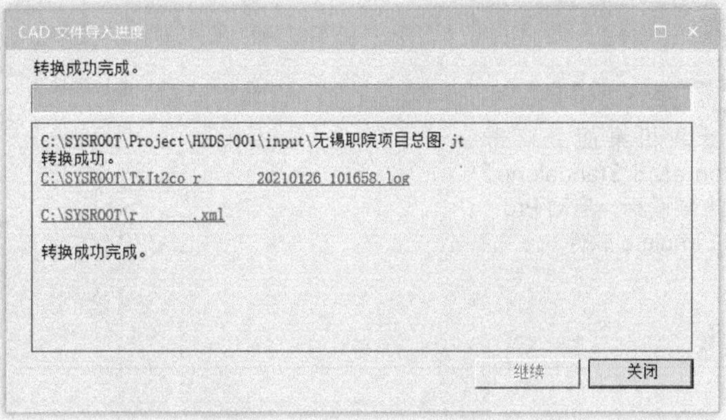
第7步 导入到软件显示区的模型如右图所示	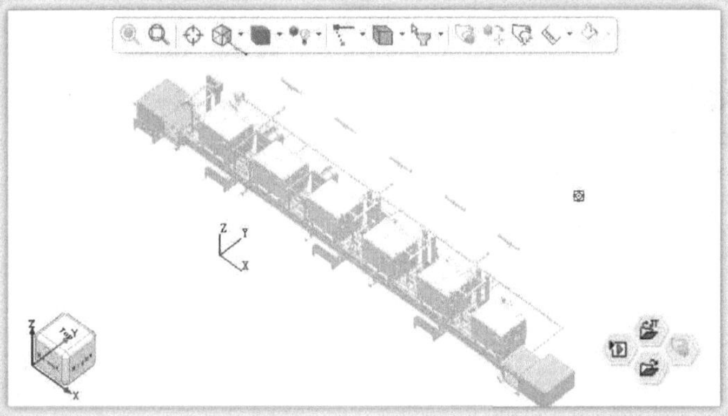

　　注：在第4步中，"基本类"的下拉列表中有"零件"和"资源"两个选项。如果导入的模型是用于装配的零部件，则选择"零件"选项；如果导入的模型是工装、设备、工作台和工具等类型，则选择"资源"选项。如果选择了"资源"选项，则需要在"复合类"和"原型类"下拉列表中选择具体的原型类型，例如作为机器人、焊枪、抓手、工作台和设备等导入研究文件中。

四、任务实施

（一）新建研究文件

新建研究文件的操作步骤见表1-2。

表 1-2　新建研究文件的操作步骤

操作说明	效果图
第1步 在计算机桌面上双击"PS on eMS Standalone"快捷方式图标,启动 Process Simulate 软件	
第2步 Process Simulate 软件启动后,单击"欢迎使用"界面右上角"×"的图标,关闭"欢迎使用"界面	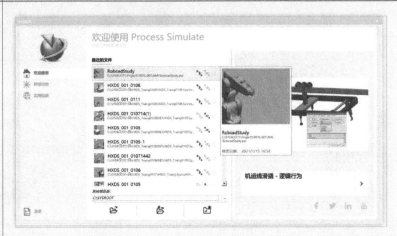
第3步 选择菜单栏"文件",在下拉菜单中单击"选项"按钮	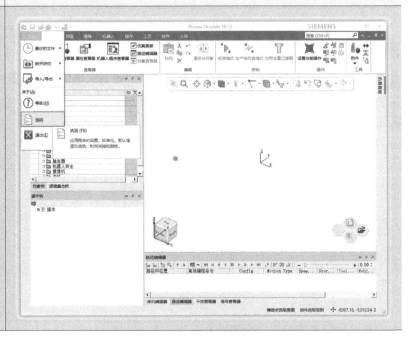

（续）

操作说明	效果图
第 4 步 在弹出的对话框中单击"断开的"按钮，然后单击" ⋯ "图标，进行系统根目录的设置，单击"确定"按钮	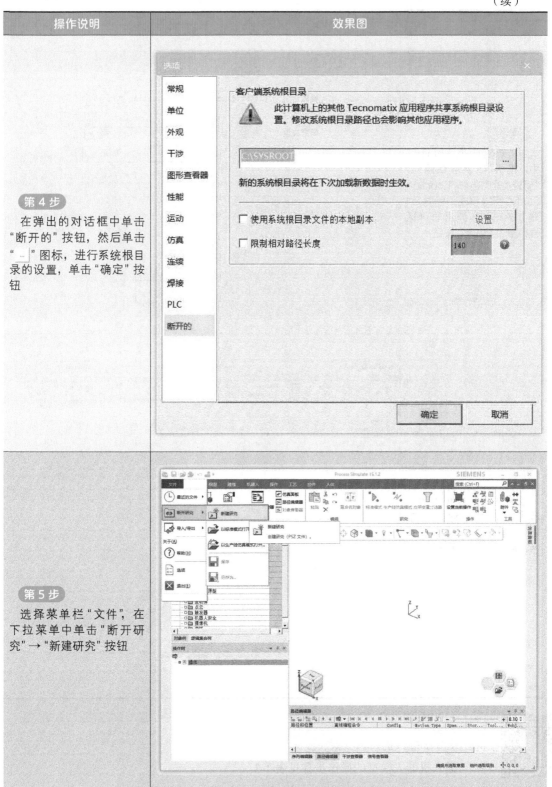
第 5 步 选择菜单栏"文件"，在下拉菜单中单击"断开研究"→"新建研究"按钮	

（续）

操作说明	效果图
第 6 步 在"新建研究"对话框中，"模板"选择默认路径，"研究类型"选择"Robcad-Study"标准模式，单击"创建"按钮，在弹出的对话框中单击"确定"按钮	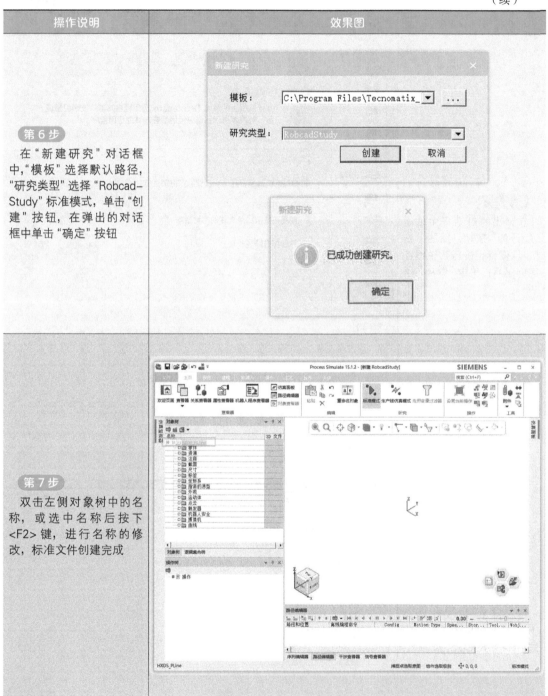
第 7 步 双击左侧对象树中的名称，或选中名称后按下 <F2> 键，进行名称的修改，标准文件创建完成	

（二）插入机器人模型

插入机器人模型的操作步骤见表 1-3。

表 1-3　插入机器人模型的操作步骤

操作说明	效果图
第1步 选中左侧对象树中的"资源",选中菜单栏中的"建模"选项,单击"创建复合资源"按钮	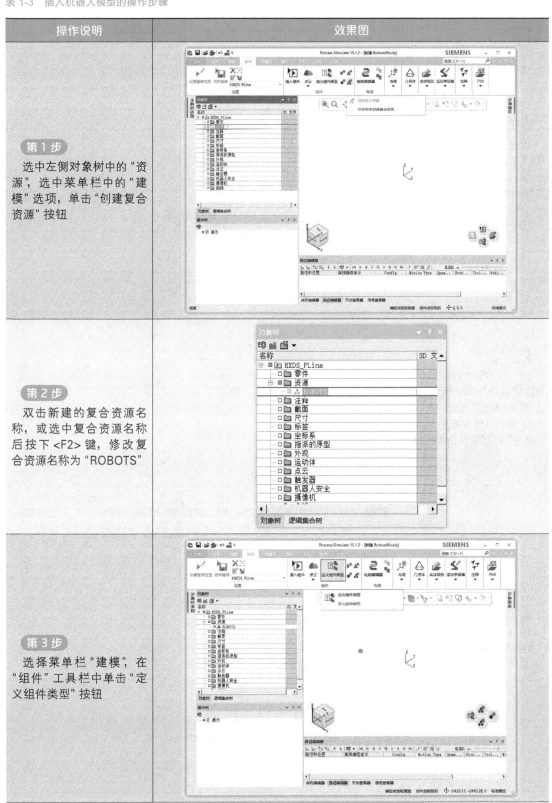
第2步 双击新建的复合资源名称,或选中复合资源名称后按下 <F2> 键,修改复合资源名称为"ROBOTS"	
第3步 选择菜单栏"建模",在"组件"工具栏中单击"定义组件类型"按钮	

（续）

操作说明	效果图
第 4 步 在弹出的对话框中选择路径 "C :\SYSROOT\Li-braries\Resources Standard\Robots\AB-B\IRB1200—7KG.cojt"，单击 "确定" 按钮	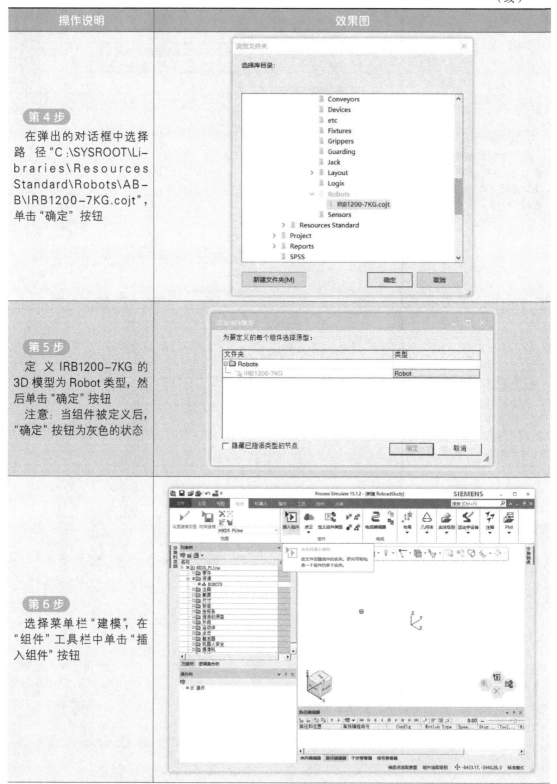
第 5 步 定 义 IRB1200—7KG 的 3D 模型为 Robot 类型，然后单击 "确定" 按钮 注意：当组件被定义后，"确定" 按钮为灰色的状态	
第 6 步 选择菜单栏 "建模"，在 "组件" 工具栏中单击 "插入组件" 按钮	

（续）

操作说明	效果图
第7步 在弹出的对话框中选择路径"C:\SYSROOT\Libraries\ResourcesStandard\Robots\ABB\IRB1200-7KG.cojt"，单击"打开"按钮	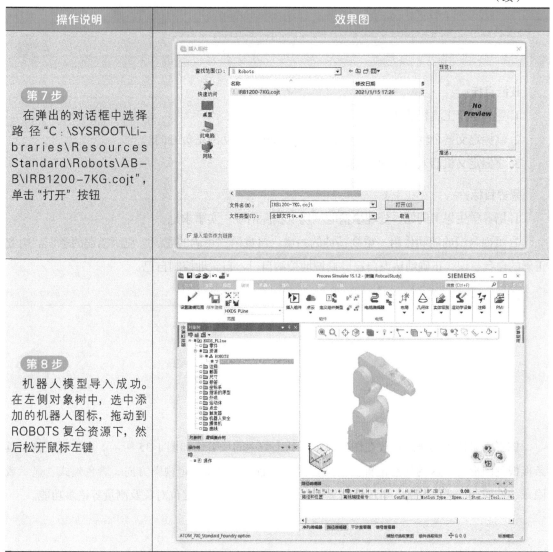
第8步 机器人模型导入成功。在左侧对象树中，选中添加的机器人图标，拖动到ROBOTS复合资源下，然后松开鼠标左键	

任务2 配置工业机器人属性

一、任务描述

向任务1中导入的ABB工业机器人IRB1200的3D模型，赋予机器人的属性，根据实际机器人特性设置机器人各个关节的运动方向及范围，并定义机器人的姿态位置。

二、任务目标

技能目标：

1. 熟悉各个工具栏的功能。

2. 掌握定义各个轴的关节运动方法，并能判断轴运动的正负方向。

3. 掌握定义机器人姿态的方法。

素养目标：

1. 培养学生思考问题、处理事情时一切从实际出发，实事求是。

2. 重视意识的能动作用，重视精神的力量，自觉树立正确的意识，克服错误的意识。树立正确的自我意识，正确地认识自己，愉悦地接纳自己，自觉地控制自己。

三、知识储备

（一）图形查看器工具条

图形查看器工具条默认放在图形显示区的上方中间位置，如图 1-35 所示。用户可以将工具条拖拽到图形显示区的任意位置。工具条提供了缩放、快速指定视图方向、着色模式、显示或隐藏、选择点、选取级别、通过过滤类型选择、放置对象、重定位对象及测量等诸多功能。

图1-35　图形查看器工具条

图形查看器工具条可以关闭：单击"文件"→"选项"，在弹出的"选项"对话框中选择"图形查看器"选项卡，取消勾选"显示图形查看器工具栏"复选框，如图 1-36 所示，则图形显示区中将不再显示图形查看器工具条。

（1）"缩放至选择"按钮 🔍　快捷键为 <Alt+S>。先选择对象，然后单击此按钮，则会将所选对象缩放至合适的大小。

（2）"缩放至合适尺寸"按钮 🔍　快捷键为 <Alt+Z>。单击此按钮，可以将所有对象缩放至适合屏幕的大小。

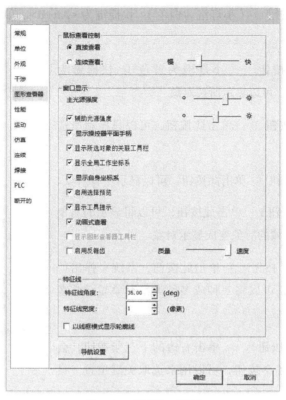

图1-36 "选项"对话框

（3）"视图中心"按钮⊕ 快捷键为<Alt+C>。单击此按钮，然后通过光标选中一个点，即可将该点作为视图中心。视图中心是对象旋转的中心点。

（4）"视点方向"按钮⊕· 单击右边的下三角符号，会出现如图1-37所示的各个视点方向（包括Q1视点、俯视点、Q2视点、左视点、右视点和视点等），单击其中的任意视点方向，可以将视图快速地转到所选方向。

（5）"视图样式"按钮▦· 单击右边的下三角按钮，会出现如图1-38所示的视图样式（包括着色模式、实体上的特征线、线框和特征线共4种视图样式），单击任何一种视图样式，可以在该样式下显示图形对象。

（6）"显示/隐藏"按钮💡· 单击右边的下三角按钮，会出现如图1-39所示的各个按钮，可以用来显示或隐藏对象，具体介绍如下：

图1-37 "视点方向"命令

图1-38 "视图样式"命令

图1-39 "显示/隐藏"命令

1）"隐藏对象"按钮 （小灯泡为白色）：快捷键为 <Alt+B>。单击此按钮，可以隐藏所选对象。

2）"显示对象"按钮 （小灯泡为黄色）：快捷键为 <Alt+D>。单击此按钮，可以显示所选对象。

3）"显示对象"按钮 ：单击此按钮，可以只显示所选对象。

4）"全部显示"按钮 ：单击此按钮，可以显示所有对象。

5）"切换显示"按钮 ：单击此按钮，可以将显示的对象变成隐藏对象，或将隐藏的对象变成显示对象。

6）"按类型显示"按钮 ：单击此按钮，系统会弹出如图 1-40 所示的对话框，可以将一种或多种类型对象显示或者隐藏。

（7）"选取意图"按钮 单击右边的下三角按钮，会出现如图 1-41 所示的各个按钮，可以用来选取关键位置。具体介绍如下：

图1-40 "按类型显示"对话框

1）"选取关键点"按钮 ：单击此按钮，可以选取顶点、边端点、边中点、圆心点和面中心点。

2）"选取边上任意点"按钮 ：单击此按钮，可以选取与光标最接近的边上任意点。

3）"选取点"按钮 ：单击此按钮，可以选取光标实际单击点。

4）"选取坐标系原点"按钮 ：单击此按钮，可以选取坐标系的原点。

（8）"选取级别"按钮 单击右边的下三角按钮，会出现如图 1-42 所示的按钮，可以用来选取不同级别的对象。具体介绍如下：

图1-41 "选取意图"命令

图1-42 "选取级别"命令

1）"组件选取级别"按钮 ：单击此按钮，可以选取组件级别的对象。

2）"实体选取级别"按钮 ：单击此按钮，可以选取实体级别的对象。

3）"面选取级别"按钮 ：单击此按钮，可以选取对象面。

4）"边选取级别"按钮：单击此按钮，可以选取对象边。

（9）"通过过滤器选择"按钮 单击右边的下三角按钮，会出现如图1-43所示的各个按钮。可以选择某一种对象类型过滤器，也可以选择多种对象类型过滤器，再单击"选择全部"按钮 （快捷键为<Ctrl+A>）来选择对象。

（10）"放置操控器"按钮 快捷键为<Alt+P>。单击此按钮，会出现如图1-44所示的对话框，通过选择具体的参数，可以将选定的一个或多个对象沿着指定轴向移动一定的距离，或者绕着指定轴旋转一定的角度。

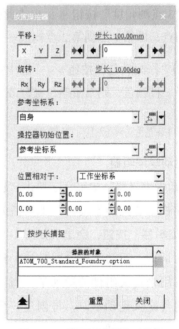

图1-43 "通过过滤器选择"命令　　　图1-44 "放置操控器"对话框

（11）"重定位"按钮 快捷键为<Alt+R>。单击此按钮，会出现如图1-45所示的对话框，通过选择具体参数，可以将所选对象从一个坐标系移动到另一个坐标系。

（12）"测量"按钮 单击右边的下三角按钮，会出现如图1-46所示的各个按钮，可以用来测量距离、角度及曲线长度等。具体介绍如下：

1）"最小距离"按钮：单击此按钮，可以测量两个组件之间的最小距离。

2）"点到点距离"按钮：单击此按钮，可以测量两个点之间的距离。

3）"线性距离"按钮：单击此按钮，可以测量两个平行面或边线之间的线性距离。

4）"角度测量"按钮：单击此按钮，可以测量两个相交的面或边之间的角度。

5）"曲线长度"按钮：单击此按钮，可以测量曲线的长度。

图1-45 "重定位"对话框

图1-46 "测量"命令

6）"3点测角度"按钮 ⬚：单击此按钮，可以测量角度，第1点为原点，第2点、第3点为线上的点，即第1点到第2点构成一边线，第1点到第3点构成一边线。

（13）"修改颜色"按钮 ⬚ 选中需要修改颜色的对象，单击右边的下三角按钮，在调色板中选择一种颜色，则对象颜色被修改。

（二）"运动学设备"工具栏

1. 运动学编辑器

"运动学编辑器"按钮 ⬚：单击"建模"菜单栏下"运动学设备"工具栏的"运动学编辑器"按钮，会出现如图1-47所示的对话框。运动学编辑器是一个建模工具，用来定义组件的运动学。当为选定的组件定义运动学时，将创建一个使组件能够移动或转动的运动连接。只有组件被选定后，"运动学编辑器"命令才被激活，从而可以定义或修改组件的运动学参数。运动学编辑器中命令菜单的功能见表1-4。

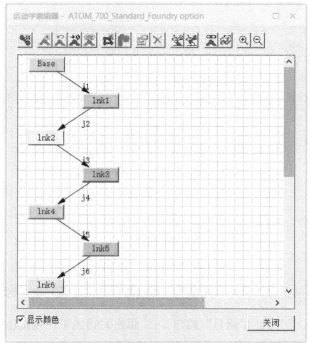

图1-47 "运动学编辑器"对话框

表1-4 "运动学编辑器"命令菜单

序号	图标	名称	说明
1	⬚	创建连杆	创建连接
2	⬚	创建关节	创建关节
3	⬚	反转关节	保持父子连接关系并改变关节的方向

（续）

序号	图标	名称	说明
4		定义为零位置	如果运动学编辑器中存在一个连杆，该函数通过编译将当前关节值设置为零位
5		关节依赖关系	打开关节依赖关系编辑器，定义新的关节依赖关系
6		创建曲柄	创建曲柄连接
7		创建狭槽关节	创建带有一个或两个槽的槽连接
8		属性	查看和修改现有的连接属性
9		删除	删除选定的连接和关节
10		设置基准坐标系	为组件创建基准坐标系，坐标系能随着组件一起移动
11		创建工具坐标系	为组件创建工具坐标系，坐标系能随着组件一起移动
12		打开关节调整	打开关节调节编辑器，对组件进行姿态的定义
13		打开姿态编辑器	打开姿态编辑器，对组件进行姿态的切换
14		放大	在运动学编辑器中放大图像
15		缩小	在运动学编辑器中缩小图像

2. 姿态编辑器

单击"建模"菜单栏下"运动学设备"工具栏的"姿态编辑器"按钮 。系统弹出如图 1-48 所示的"姿态编辑器"对话框，定义运动学的部件。此对话框可以用于新建、编辑、跳转现有的姿态以及其他多种操作。

1）新建。在"姿态编辑器"对话框中，单击"新建"按钮，系统弹出如图 1-49 所示的"新建姿态"对话框，输入值和姿态名称，创建不同姿态。

2）编辑。在"姿态编辑器"对话框中，选中创建好的姿态，单击"编辑"按钮，系统弹出如图 1-50 所示的"编辑姿态"对话框，进行值和姿态名称的编辑。

图1-48 "姿态编辑器"对话框

图1-49 "新建姿态"对话框

图1-50 "编辑姿态"对话框

3）更新。在"姿态编辑器"对话框中，单击"更新"按钮，可将姿态更新为当前值。

4）删除。在"姿态编辑器"对话框中，选中创建好的姿态，单击"删除"按钮，可将选中的姿态删除。

5）跳转。在"姿态编辑器"对话框中，选中创建好的姿态，单击"跳转"按钮，工具跳转到相应姿态。也可双击姿态。

6）移动。在"姿态编辑器"对话框中，选中创建好的姿态，单击"移动"按钮，可移动所选姿态。

四、任务实施

（一）设置机器人关节运动

设置机器人关节运动的操作步骤见表1-5。

表 1-5　设置机器人关节运动的操作步骤

操作说明	效果图
第1步 　选中左侧对象树中的机器人图标，选中菜单栏中的"建模"选项，单击"设置建模范围"按钮	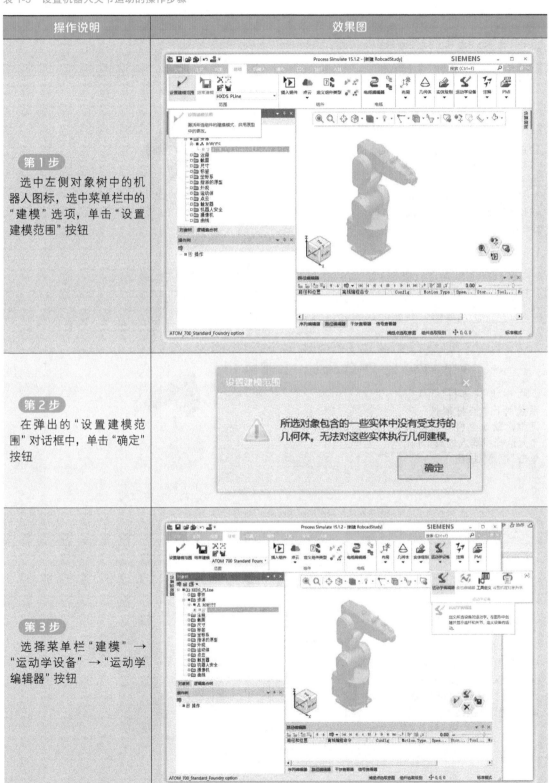
第2步 　在弹出的"设置建模范围"对话框中，单击"确定"按钮	
第3步 　选择菜单栏"建模"→"运动学设备"→"运动学编辑器"按钮	

（续）

操作说明	效果图
第4步 在"运动学编辑器"中单击"创建连杆"按钮，或在空白区域双击，系统弹出"连杆属性"对话框，修改连杆名为"Base"，在研究显示区。选择机器人的底座作为连杆单元，单击"确定"按钮	
第5步 单击"创建连杆"按钮，系统弹出"连杆属性"对话框，默认连杆名，连杆单元选择机器人的第1轴，单击"确定"按钮	
第6步 单击"创建连杆"按钮，系统弹出"连杆属性"对话框，默认连杆名，连杆单元选择机器人的第2轴，单击"确定"按钮	

（续）

操作说明	效果图
第7步 单击"创建连杆"按钮，系统弹出"连杆属性"对话框，默认连杆名，连杆单元选择机器人的第3轴，单击"确定"按钮	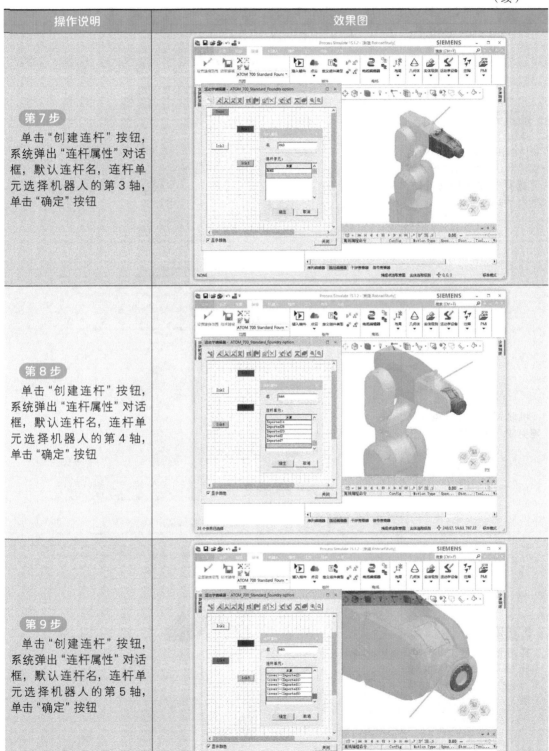
第8步 单击"创建连杆"按钮，系统弹出"连杆属性"对话框，默认连杆名，连杆单元选择机器人的第4轴，单击"确定"按钮	
第9步 单击"创建连杆"按钮，系统弹出"连杆属性"对话框，默认连杆名，连杆单元选择机器人的第5轴，单击"确定"按钮	

（续）

操作说明	效果图
第10步 单击"创建连杆"按钮，系统弹出"连杆属性"对话框，默认连杆名，连杆单元选择机器人的第6轴，单击"确定"按钮	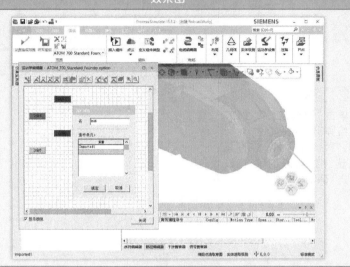
第11步 机器人所有连杆单元创建完成，单击"关闭"按钮	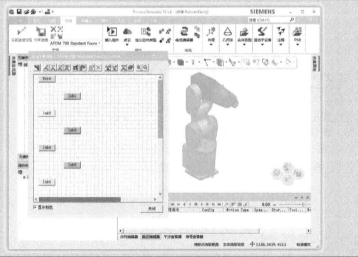
第12步 在图形查看器工具条中，选取级别修改为"实体选取级别"，单击机器人的第1轴	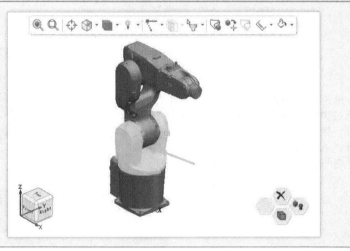

（续）

操作说明	效果图
第13步 在图形查看器工具条中单击"显示/隐藏"按钮右边的下三角按钮，单击"隐藏选择"按钮，隐藏机器人第1轴	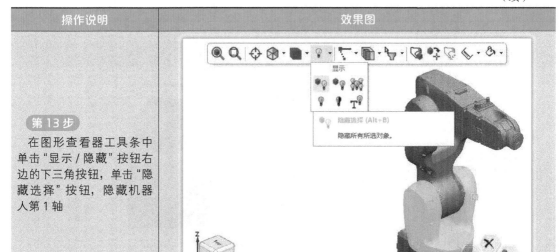
第14步 选择"建模"菜单栏，在"布局"工具栏中单击"创建坐标系"→"在圆心创建坐标系"按钮	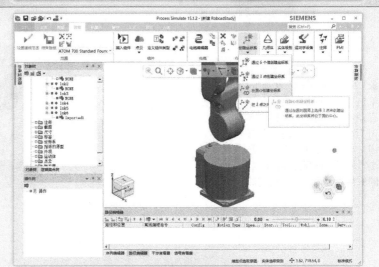
第15步 在图形查看器工具条中单击"选取意图"按钮右边的下三角按钮，修改为"选取关键点"按钮，在机器人底座上表面的圆弧上，捕捉3个点，然后单击"确定"按钮，坐标系fr1创建完成	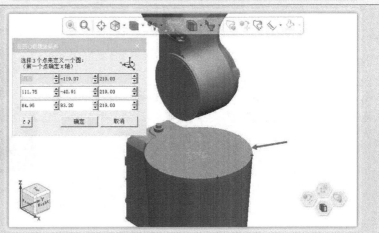

（续）

操作说明	效果图
第 16 步 在对象树中选中坐标系"fr1"，单击"重定位"按钮	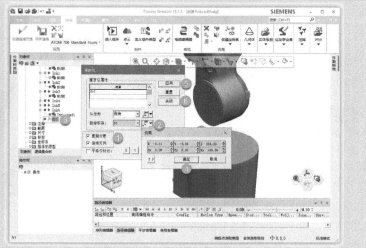
第 17 步 在对话框中勾选"复制对象"和"保持方向"复选框，单击"到坐标系"右侧的下三角按钮，在对象树中单击"fr1"，单击"确定"按钮，单击"应用"按钮，单击"关闭"按钮。与 fr1 相同的坐标系 fr1_1 复制完成	
第 18 步 在对象树中选中坐标系"fr1_1"，在图形查看器工具条中单击"放置操控器"按钮	

（续）

操作说明	效果图
第 19 步 　把鼠标移动到坐标系的 Z 轴上，此时 Z 轴呈高亮显示，沿着 Z 轴正方向移动坐标系，坐标系"fr1_1"的位置修改完成	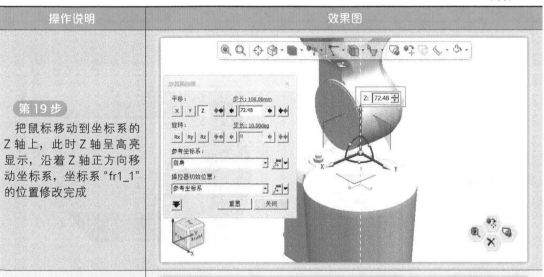
第 20 步 　选择菜单栏"建模"，在"布局"工具栏中单击"创建坐标系"→"在圆心创建坐标系"按钮	
第 21 步 　在轴 2 的左侧圆弧上任意选择 3 点，生成坐标系"fr2"	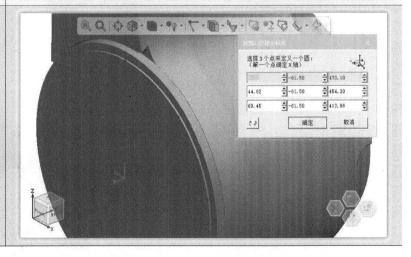

（续）

操作说明	效果图
第 22 步 按照第 17 步的方法，复制坐标系"fr2_1"	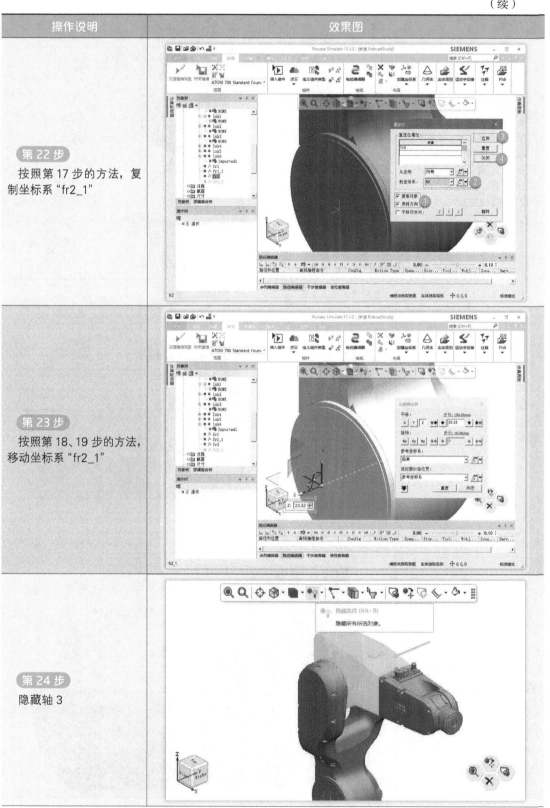
第 23 步 按照第 18、19 步的方法，移动坐标系"fr2_1"	
第 24 步 隐藏轴 3	

（续）

操作说明	效果图
第 25 步 按照第 14~19 步的方法，创建坐标系"fr3"和"fr3_1"	
第 26 步 按照第 14~19 步的方法，创建坐标系"fr4"和"fr4_1"	
第 27 步 隐藏轴 5	

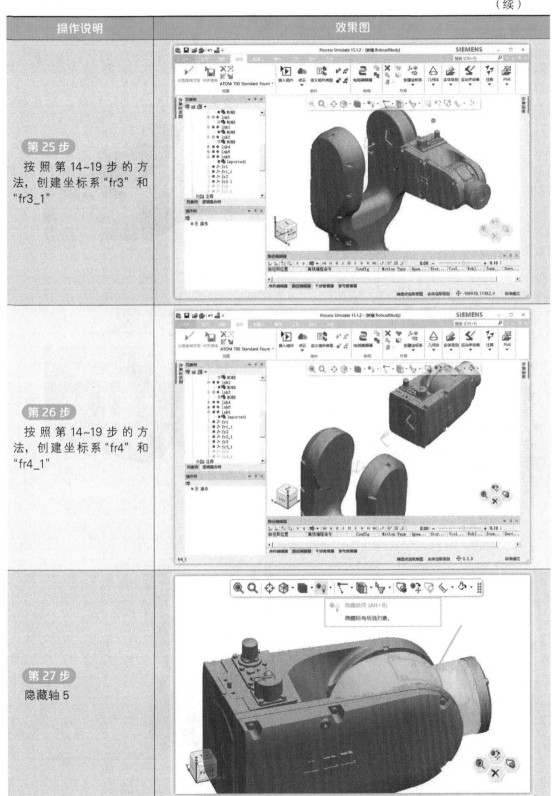

（续）

操作说明	效果图
第31步 打开机器人的"运动学编辑器"对话框	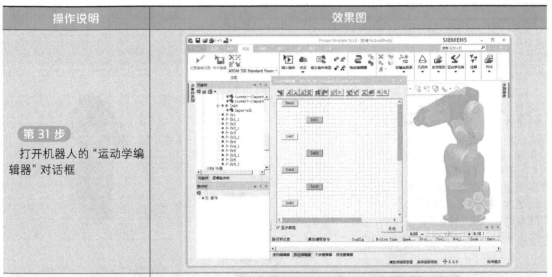
第32步 鼠标移动到"Base"位置，按住鼠标左键，拖动到 lnk1 的位置，放开鼠标左键，弹出"j1"的"关节属性"对话框，单击图标 ❷ 处的倒三角符号	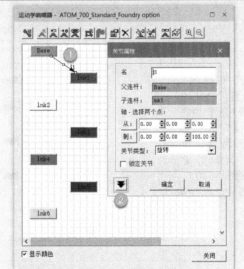
第33步 进行"j1"的关节属性设置。轴线的 2 个点分别选择对象树中的坐标系"fr1"和"fr1_1"，如右图中 ❶❷ 所示，关节类型选择"旋转"，限制类型选择"常数"，上下限的值分别为 170° 和 −170°，然后单击"确定"按钮	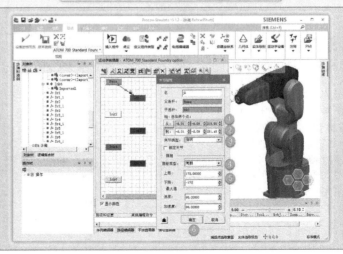

（续）

操作说明	效果图
第 34 步 　　按照第 32 步的方法创建关节"j2"，进行"j2"的关节属性设置。轴线的 2 个点分别选择对象树中的坐标系"fr2"和"fr2_1"，如右图图标 **②③** 所示，关节类型选择"旋转"，限制类型选择"常数"，上下限的值分别为 100° 和 –100°，然后单击"确定"按钮	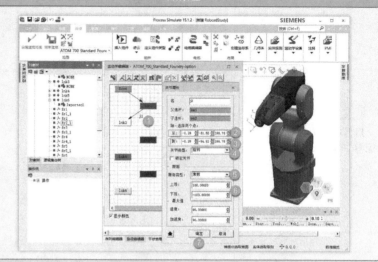
第 35 步 　　创建关节"j3"，进行"j3"的关节属性设置。轴线的 2 个点分别选择对象树中的坐标系"fr3"和"fr3_1"，关节类型选择"旋转"，限制类型选择"常数"，上下限的值分别为 70° 和 –200°，然后单击"确定"按钮	
第 36 步 　　创建关节"j4"，进行"j4"的关节属性设置。轴线的 2 个点分别选择对象树中的坐标系"fr4"和"fr4_1"，关节类型选择"旋转"，限制类型选择"常数"，上下限的值分别为 270° 和 –270°，然后单击"确定"按钮	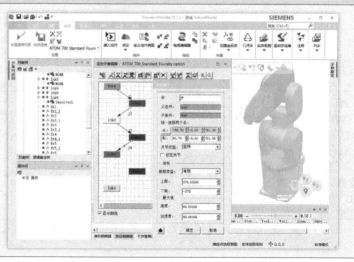

（续）

操作说明	效果图
第 37 步 创建关节"j5"，进行"j5"的关节属性设置。轴线的 2 个点分别选择对象树中的坐标系"fr5"和"fr5_1"，关节类型选择"旋转"，限制类型选择"常数"，上下限的值分别为 130°和 –130°，然后单击"确定"按钮	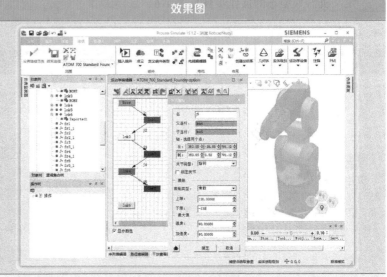
第 38 步 创建关节"j6"，进行"j6"的关节属性设置。轴线的 2 个点分别选择对象树中的坐标系"fr6"和"fr6_1"，关节类型选择"旋转"，限制类型选择"常数"，上下限的值分别为 400°和 –400°，然后单击"确定"按钮	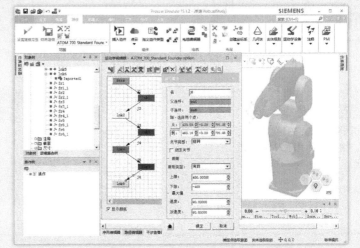
第 39 步 确认机器人各轴的正负运动方向。单击"打开关节调整"图标，在"关节调整"对话框中，移动各轴的转向姿态，查看各个关节的正负运动方向是否与实际机器人的方向一致，若"j2"关节不一致，在运动学编辑器中选中"j2"，然后单击"反转关节"图标，则"j2"的正负方向改变。设置完后单击"重置"按钮，单击"关闭"按钮，则机器人关节属性设置完成	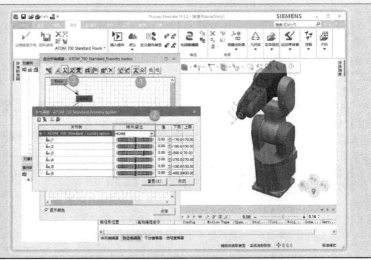

（二）定义机器人的姿态

定义机器人姿态的操作步骤见表1-6。

表1-6　定义机器人姿态的操作步骤

操作说明	效果图
第1步 选中机器人，选择菜单栏"建模"，在"运动学设备"工具栏中单击"姿态编辑器"按钮	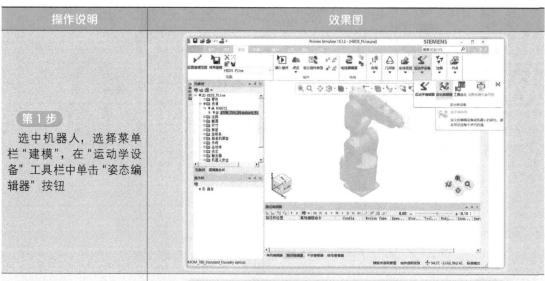
第2步 机器人各轴在零位的时候，默认为"HOME"的姿态	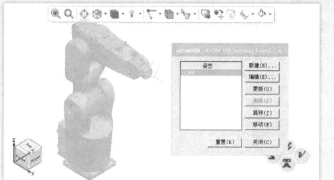
第3步 在"姿态编辑器"中单击"新建"按钮，在出现的"新建姿态"对话框中，修改"j5"的角度为30°，姿态名称修改为home，然后单击"确定"按钮，home姿态创建成功 注意：设置home姿态是为了避开机器人的奇异点	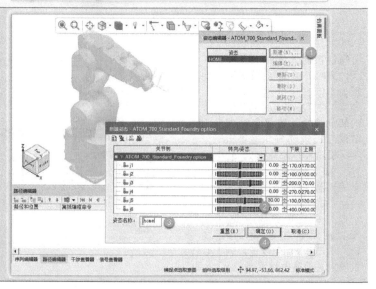

（续）

操作说明	效果图
第4步 在"姿态编辑器"中双击"HOME"或"home"的姿态名称，机器人可修改当前姿态	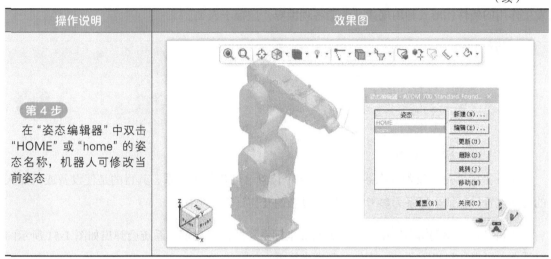

任务3　配置工业机器人坐标系

一、任务描述

在ABB工业机器人IRB1200上创建基准坐标系和工具坐标系。机器人的运动路径以及编程设定均以基准坐标系为参考。工具坐标系可用于将工具和组件快速地安装到机器人上。

二、任务目标

技能目标：

1. 熟悉各个工具栏的功能。

2. 掌握设置基准坐标系和工具坐标系的含义。

3. 掌握创建基准坐标系和工具坐标系的步骤，并掌握其应用方法。

素养目标：

1. 一切从实际出发，实事求是，既要尊重客观规律，又要发挥主观能动性。通过学习，学生应不断解放思想、与时俱进，以求真务实的精神探求事物的本质和规律，用科学的理论武装头脑、指导实践。

2. 在客观规律面前，人并不是无能为力的。人可以在认识和把握规律的基础上，根据规律发生作用的条件和形式利用规律，改造客观世界，造福于人类。

三、知识储备

（一）设置基准坐标系

基准坐标系是在设备或机器人周围的某个位置上创建的坐标系，其目的是使设备或机器人的运动位置均以该坐标系为参考，可以使复杂的几何计算简单化。

单击"运动学编辑器"中的"设置基准坐标系"图标按钮，系统会弹出如图1-51所示的对话框。可以通过以下几种方式创建基准坐标系：

1）在图形显示区或对象树中，选择一个现有的坐标系。

2）在图形显示区中任意单击某个位置。

3）在对象树中选择一个点或在图形显示区域中单击它。

4）单击下拉箭头并使用图1-51所示的4种方法之一指定坐标系的位置。

选择完坐标后，单击"确定"按钮，坐标系创建成功。所创建的基准坐标系同时显示在对象树和图形显示区中，如图1-52所示。

图1-51　"设置基准坐标系"对话框

图1-52　基准坐标系（BASEFRAME）

（二）创建工具坐标系

创建工具坐标系后，可以将工具或组件安装到机器人上。工具坐标系是将工具安装到机器人上的位置，通常定义在机器人的最后一个连杆上。工具坐标系随着机器人一起移动。

单击"运动学编辑器"中的"创建工具坐标系"图标按钮，系统会弹出如图1-53所示的对话框。可以通过以下几种方式创建工具坐标系：

图1-53   "创建工具坐标系"对话框

1）在图形显示区或对象树中，选择一个现有的坐标系。

2）在图形显示区中任意单击某个位置。

3）在对象树中选择一个点或在图形显示区域中单击它。

4）单击下拉箭头并使用图1-53所示的4种方法之一指定坐标系的位置。

选择完坐标后，选项"附加至链接"通常选择机器人的第6轴，单击"确定"按钮，坐标系创建成功。所创建的工具坐标系同时显示在对象树和图形显示区中，如图1-54所示。

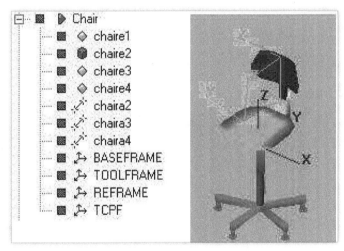

图1-54   创建的工具坐标系

四、任务实施

（一）设置工业机器人基准坐标系

设置工业机器人基准坐标系的操作步骤见表1-7。

表1-7　设置工业机器人基准坐标系的操作步骤

操作说明	效果图
第1步 选中机器人，选择菜单栏"建模"，在"运动学设备"工具栏中单击"运动学编辑器"按钮	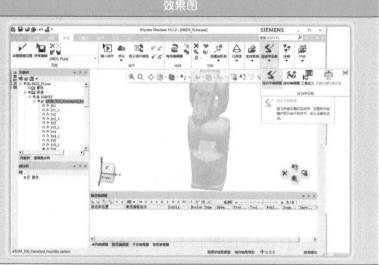
第2步 在"运动学编辑器"中单击"设置基准坐标系"按钮	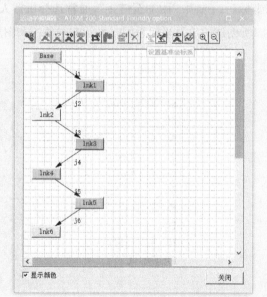
第3步 在图形查看器工具条中，单击"选取意图"右边的下三角按钮，修改为"选取坐标系原点"；单击"选取级别"右边的下三角按钮，修改为"组件选取级别"，单击机器人本体，单击"确定"按钮	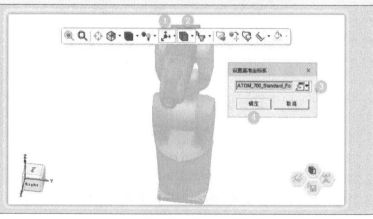

（续）

操作说明	效果图
第4步 工业机器人基准坐标系（BASEFRAME）创建完成，位置如右图所示，在机器人底面中心位置	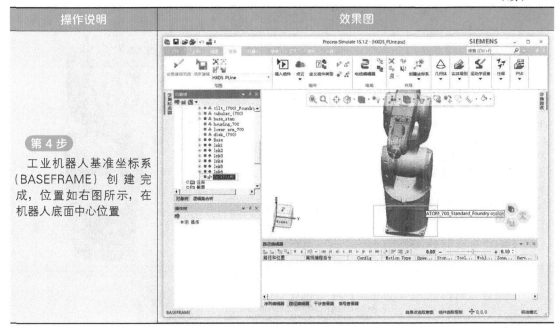

（二）创建工业机器人第6轴法兰上的工具坐标系

创建工业机器人第6轴法兰上的工具坐标系的操作步骤见表1-8。

表1-8　创建工业机器人第6轴法兰上的工具坐标系的操作步骤

操作说明	效果图
第1步 在对象树中选中"fr6"坐标系，单击图形查看器工具条中的"重定位"按钮	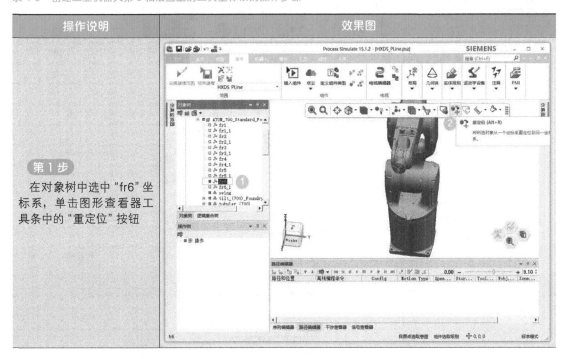

（续）

操作说明	效果图
第2步 在"重定位"对话框中勾选"平移仅针对:";"到坐标系"选择对象树中的"BASEFRAME"坐标系，单击"应用"按钮，单击"关闭"按钮，则"fr6"坐标系的方向修改为与"BASEFRAME"坐标系一致	
第3步 在对象树中选中"fr6"坐标系，单击图形查看器工具条中的"放置操控器"图标，在"放置操控器"对话框中沿着 Ry 旋转90°，单击"关闭"按钮	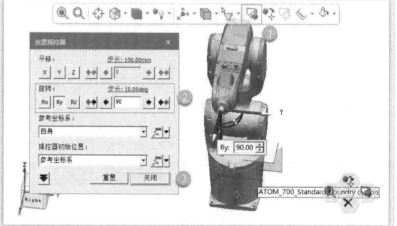
第4步 选中机器人，选择菜单栏"建模"，在"运动学设备"工具栏中单击"运动学编辑器"按钮	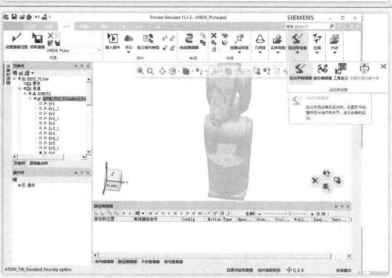

（续）

操作说明	效果图
第5步 在"运动学编辑器"中单击"创建工具坐标系"图标	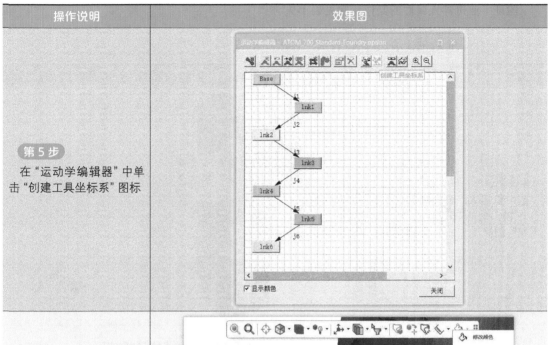
第6步 "位置"栏选择"fr6"坐标系;"附加至链接"栏选择机器人的第6轴法兰盘。单击"确定"按钮	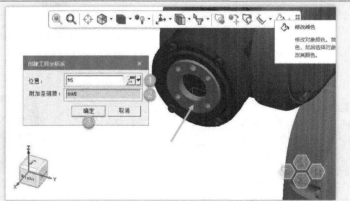
第7步 工业机器人第6轴法兰盘的工具坐标系创建完成。单击"关闭"按钮,关闭"运动学编辑器"对话框	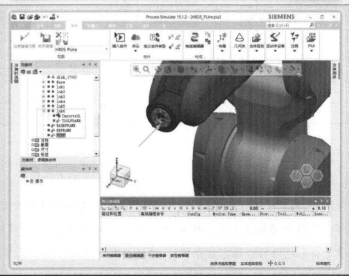

（三）验证工业机器人属性

验证工业机器人属性的操作步骤见表1-9。

表1-9　验证工业机器人属性的操作步骤

操作说明	效果图
第1步 选中机器人，单击鼠标左键，单击"机器人调整"图标	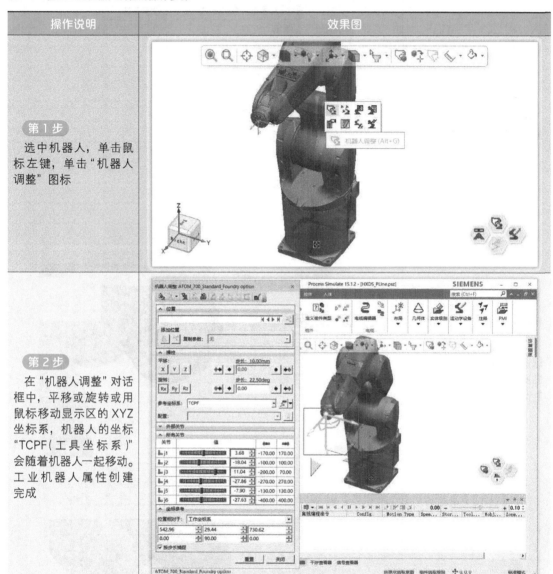
第2步 在"机器人调整"对话框中，平移或旋转或用鼠标移动显示区的XYZ坐标系，机器人的坐标"TCPF（工具坐标系）"会随着机器人一起移动。工业机器人属性创建完成	

时代先锋——王天然：推开了中国工业机器人应用的大门

2018年2月25日，在2018年韩国平昌冬奥会的闭幕式上，中国最大的机器人产业基地——沈阳新松机器人自动化股份有限公司生产的24台移动机器人与24个舞蹈演员共同上演了精彩绝伦的"北京8分钟"，这场融合科技与文化的表演给人们留下了深刻的印象。

而在同一时间，75岁的王天然坐在家中，目不转睛地盯着电视机屏幕，关注着机器人的一举一动。他十分紧张，当机器人的表演完美谢幕时，他提着的心也慢慢放下了。

在过去的20多年里，中国工程院院士、中国科学院沈阳自动化研究所（以下简称"沈自所"）研究员王天然不仅见证了这家公司的成长，更推动了中国工业机器人的发展。

自20世纪末至今的40多年里，中国工业机器人经历了从无到有、由弱渐强的翻天覆地的变化，在每一个转折性节点，几乎都与王天然有意或无意的抉择息息相关。

1. "瞎撞"撞上了工业机器人

当下，作为先进制造业的关键支撑装备，工业机器人的火热程度前所未有。中国自2013年以来始终保持着全球工业机器人第一大市场的地位。2018年，国产工业机器人产量已超14万台，销售额超42亿美元。然而，在大约半个世纪前，中国国产工业机器人的应用数量是零。直到1982年，国内首台工业机器人在沈自所诞生时，也依然无人问津。在20世纪最后的20年里，王天然带领团队唤醒了中国工业机器人的市场。

不过，王天然一开始的"本行"并非是工业机器人。

20世纪70~80年代，那是国际上人工智能的"黄金十年"。1982年，在时任沈自所所长、中国工程院院士蒋新松的建议推荐下，王天然到美国拥有世界领先机器人技术的卡耐基·梅隆大学学习人工智能专家系统。进入卡耐基·梅隆大学之后，王天然却"撞"上了工业机器人。

那时，工业自动化在国际上已是潮流。美国、日本和德国等发达国家已进入工业机器人发展的鼎盛时期。

此时刚刚改革开放的中国各项事业都落后于发达国家。尽管钢铁厂、造船厂、汽车厂和机床厂如雨后春笋般遍布全国各地，不过，"作坊式"的中国工厂还并不认识工业机器人、自动化这些"新玩意儿"。

作为国内最早开展机器人研究的科研机构、"中国机器人的摇篮"的沈自所敏锐地捕捉到了工业机器人的应用将是未来国家工业发展和科技实力竞争的重要环节。

美国的学习经历让王天然看到工业机器人技术研发及应用的蓬勃发展。1985年，王天然结束了访学，回到沈自所并担任副所长。

"一切科研工作以国家需求为先。当时的中国，工业机器人被认为是机器人的'最底层'，但却是国家最需要的，亟须解决工业生产、制造和加工等问题。"王天然下定决心带领团队开始研制工业机器人。

2. 推开工业应用的大门

"第一个吃螃蟹"，需要壮士断腕的勇气和坚决。对于研制国产工业机器人来说，更是如此。

启动工业机器人研制项目之初，社会、政府部门、企业等对机器人的不理解是摆在王天然面前的大难题。"经常有人问，中国人这么多，还造机器人？这是把机器人和人对立起来了。"王天然很无奈，只能一次次地向质疑者解惑，"机器人是机器，我们不造人。'机器人取代人'这种说法是错误的。制造机器人的目的从来不是为了取代人，而是为了提高生产效率和竞争力，是从危险有害的环境中解放工人，如果用人的生产效率高，肯定不用机器人，如果用机器人的效率高，那就不用人。"

1985年，王天然访学归国的那一年，工业机器人被列入了国家"七五"科技攻关计划研究重点，由蒋新松作为课题负责人，目标聚焦研制工业机器人中最为核心的零部件——控制器。这是"工业机器人"第一次获得国家项目的支持。受到国家认可，王天然的底气和信心更足了。课题组拿着50万元科研经费，用时3年，我国独立研制的控制器诞生了。

1994年，王天然继任为沈自所所长，这次，他打算做工业机器人产品。要形成一个能够在工厂应用的工业机器人产品，除了控制器，还需要本体。然而，由于当时市场需求小、资金投入有限，国内企业和科研院所并未研发出较为理想的工业机器人本体。王天然和蒋新松商量，沈自所一定要把机器人本体做起来。

为了实现这一步，王天然作了一个让所有人都大吃一惊的决定：斥资1000多万元，建造3000多平方米的厂房，利用从日本购买的10台成熟的机器人本体，配上自主研发的控制器生产工业机器人。

王天然带领团队用了半年时间，证明了自主研发的控制器完全可以控制国外进口的机器人本体。在将近1年的时间里，王天然亲自到企业奔走推销产品，普及工业机器人的优势，最终10台工业机器人全部卖出，进入沈阳金杯座椅厂、鞍山挖掘机厂等工厂的生产线进行应用。至此，王天然推开了中国工业机器人应用的大门，为实现产业化奠定了基础。

随后，他们再次顺利得到了国家"八五"科技攻关计划的支持，王天然带领团队开始自主研制工业机器人本体。

3. 成立"新松"，走上产业化

用一位知名企业家的话来说，王天然是启发国内工业机器人市场的人。但王天然并未"见好就收"。10台工业机器人全部卖出后，王天然收到过这样的用户反馈：你们这是"工艺美术品"，坏了怎么办？有备件么？我再买一台你有么？"这逼着我们必须要走标准化、规模化之路，"王天然说。

1998 年，中国科学院实施知识创新工程试点，要求研究所加强科技支撑经济社会发展能力。这是一个千载难逢的机会，2000 年，沈自所工业机器人研究开发部团队整建制分离，成立了沈阳新松机器人自动化股份有限公司。

经历了十余年的发展，中国工业机器人的销量从 21 世纪初的 300 余台，增长到 2013 年的 5 万多台，一举成为世界上最大的工业机器人市场。

在王天然眼中，做事业与身份无关。

栉风沐雨数十载，工业机器人从被不理解和误解到逐渐被人们理解和接受，从研究所的一项技术发展成为真正的工业应用产品。这个过程中，王天然无疑发挥了至关重要的作用。

项目2

定义及安装工业机器人工具

本项目介绍在 Process Simulate 软件中把工业机器人工具的 3D 模型赋予抓手的相关属性，并安装到工业机器人上，使抓手能够进行抓握及重定位运动。

半世纪以前，数字孪生技术发展的第一个阶段主要应用在军事领域。当需要造一个火箭或重型设备的时候，需要在数字孪生的帮助下，做研发和测试。

数字孪生技术发展的第二个阶段主要应用在工业仿真领域，如汽车设计和很多高危险度实验。数字世界和物理世界原本没有太大联系，物理世界做物理世界的设计，数字世界设计数字世界的东西。但是慢慢地，数字世界和物理世界开始有了交互。例如一架实体的飞机在空中运行，而它的数字孪生体在虚拟世界里也同样存在，它们同步运行着。

当前，数字孪生技术的发展进入到第三阶段，即数字云控、模拟预测、人机交互的阶段。数字孪生技术目前应用的行业范围很广，包括人们最耳熟能详的智慧城市、智慧园区到港口、轨道、航空、能源、医疗、智能制造等。如今它已成为人类科技文明的象征，被赋予了拼搏向上、科技创新等寓意。

任务1　导入工业机器人工具模型

一、任务描述

在本任务中，通过对 Process Simulate 软件的学习，学生能正确导入工业机器人工具抓手的 3D 模型。

二、任务目标

技能目标：

1. 掌握模型的定义及正确插入组件的方法。

2. 掌握创建设备的操作。

3. 掌握直接导入 CAD 文件的方法。

4. 掌握创建运动学关系的方法。

5. 掌握创建设备工作姿态的方法。

素养目标：

1. 真理的条件性和具体性要求人们不照搬过去的认识，不把适应一定条件下的科学认识不切实际地运用另一个条件中，避免真理转化为谬误。

2. 真理的条件性和具体性表明：真理和谬误往往是相伴而行的。在人们探索真理的过程中，错误是难免的。犯错误并不可怕，可怕的是不能正确对待错误。

三、知识储备

这里介绍运动学编辑器的使用方法。单击"建模"菜单栏→"运动学设备"工具栏→"运动学编辑器"按钮，系统弹出如图 2-1 所示的"运动学编辑器"对话框，定义运动学的部件。用户在此对话框中可以执行创建连杆、创建关节等多种操作。

（1）关节依赖关系　在"运动学编辑器"对话框中，单击"关节依赖关系"按钮，系统弹出如图 2-2 所示的"关节依赖关系"对话框。在"关节依赖关系"对话框中，选择"关节函数"。定义所选关节与其他关节依赖关系的逻辑和数学函数。默认情况下，所有关节都是独立移动的。

（2）创建曲柄　在"运动学编辑器"对话框中，单击"创建曲柄"按钮，系统弹出如图 2-3 所示的"创建曲柄"对话框，用于定义被连接在一个运动学回路中的由至少一个独立的关节和多个独立的关节组成的运动结构。通常需要创建关节，一个很常见的装置是由活塞或螺线管驱动的杆。固定连杆不会随着被定义的曲柄关节移动。但是它可能会包含可以转动的关节。

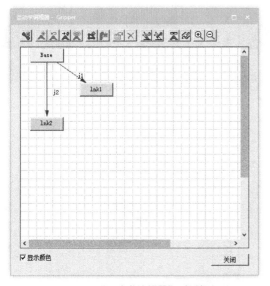

图2-1 "运动学编辑器"对话框

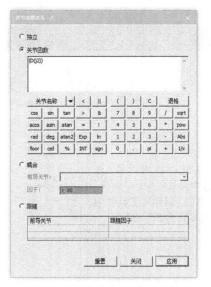

图2-2 "关节依赖关系"对话框

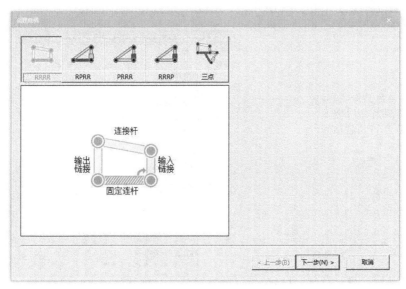

图2-3 "创建曲柄"对话框

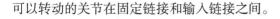

可以转动的关节在固定链接和输入链接之间。

四、任务实施

（一）插入机器人工具模型

插入机器人工具模型的操作步骤见表2-1。

表2-1　插入机器人工具模型的操作步骤

操作说明	效果图
第1步 选中左侧对象树中的"资源"，选中菜单栏中的"建模"选项，单击"组件"工具栏中的"创建复合资源"按钮	
第2步 双击新建的复合资源名称，或选中复合资源名称后按下F2键，修改复合资源名称为"Gripper"	
第3步 选择菜单栏"建模"，在"组件工具栏"中单击"定义组件类型"按钮	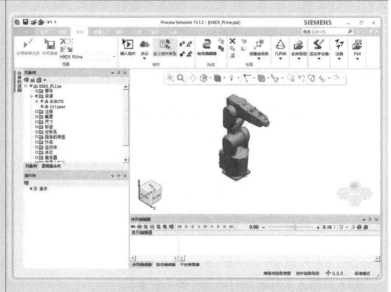

（续）

操作说明	效果图
第4步 在弹出的对话框中选择路径 "C：\SYSROOT\Libraries\Resources Standard\Gripper\Gripper.cojt"，单击"确定"按钮	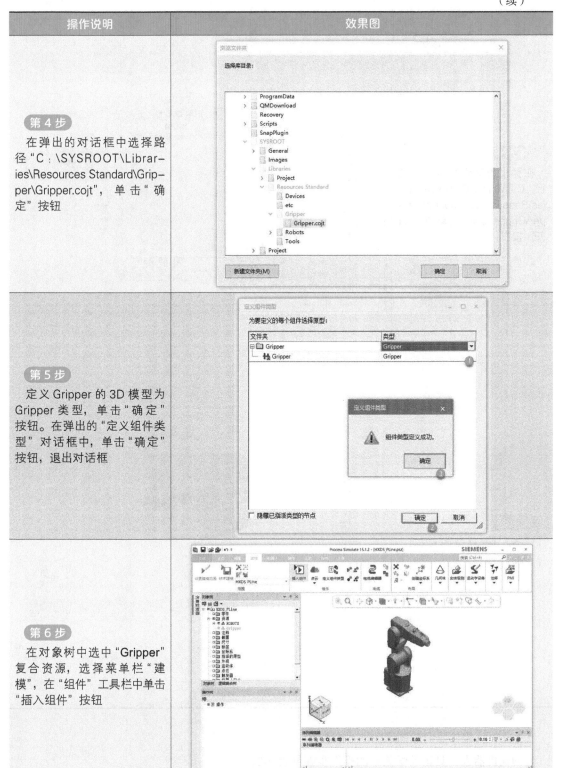
第5步 定义 Gripper 的 3D 模型为 Gripper 类型，单击"确定"按钮。在弹出的"定义组件类型"对话框中，单击"确定"按钮，退出对话框	
第6步 在对象树中选中"Gripper"复合资源，选择菜单栏"建模"，在"组件"工具栏中单击"插入组件"按钮	

（续）

操作说明	效果图
第7步 在弹出的对话框中选择路径"C：\SYSROOT\Libraries\Resources Standard\Gripper\Gripper.cojt"，单击"打开"按钮	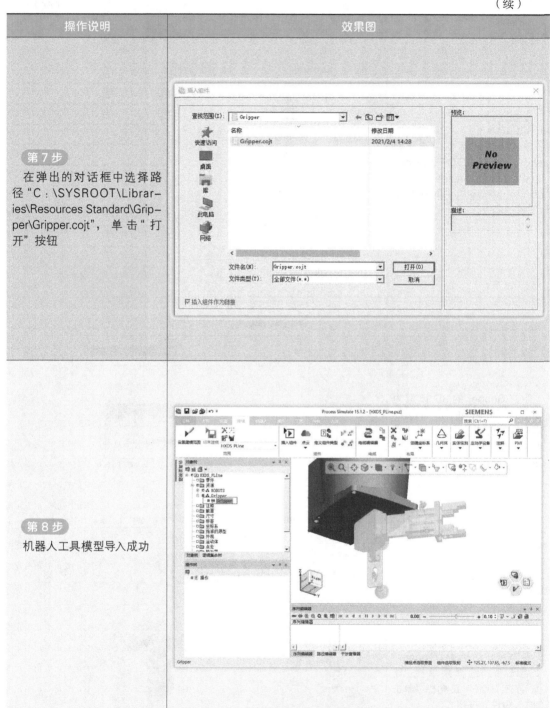
第8步 机器人工具模型导入成功	

（二）创建机器人工具运动学关系

创建机器人工具运动学关系的操作步骤见表 2-2。

表 2-2　创建机器人工具运动学关系的操作步骤

操作说明	效果图
第 1 步 选中"Gripper"模型，在"建模"菜单中，单击"设置建模范围"按钮	
第 2 步 在弹出的"设置建模范围"对话框中，单击"确定"按钮	
第 3 步 在"建模"菜单下，单击"运动学设备"工具栏中的"运动学编辑器"按钮	

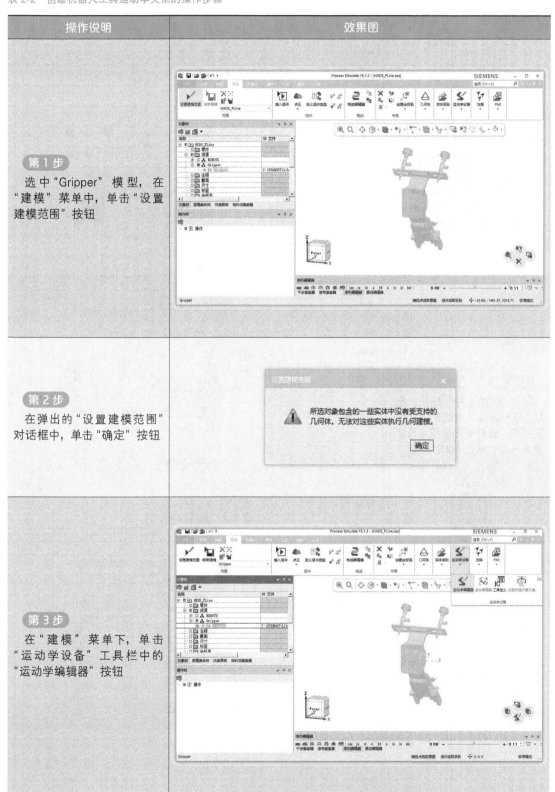

（续）

操作说明	效果图
第4步 在"运动学编辑器"对话框，单击"创建连杆"按钮，或在空白区域双击，出现"连杆属性"对话框，修改连杆名为"Base"，不添加元素作为连杆单元，默认抓手工具本体，单击"确定"按钮	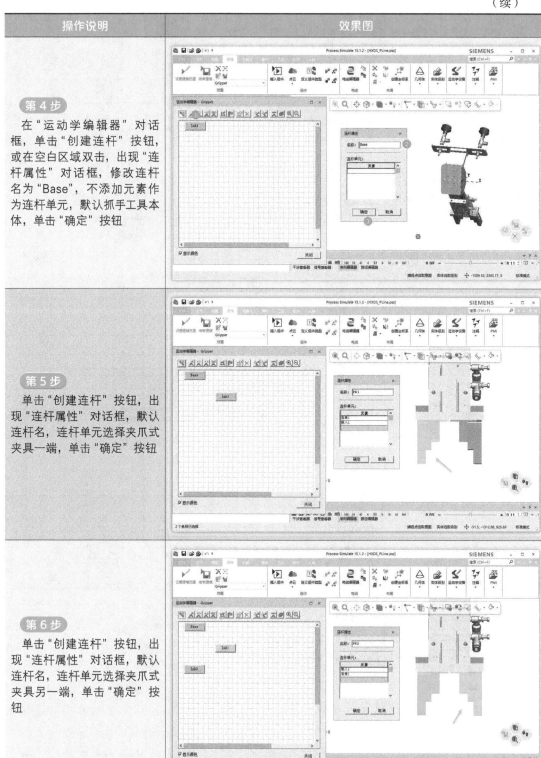
第5步 单击"创建连杆"按钮，出现"连杆属性"对话框，默认连杆名，连杆单元选择夹爪式夹具一端，单击"确定"按钮	
第6步 单击"创建连杆"按钮，出现"连杆属性"对话框，默认连杆名，连杆单元选择夹爪式夹具另一端，单击"确定"按钮	

（续）

操作说明	效果图
第7步 将光标移动到"Base"位置，按住鼠标左键，拖动到"lnk1"的位置，松开鼠标左键，出现 ❶ 黑色箭头，系统弹出"j1"的关节属性对话框，单击图标 ❷ 处的倒三角符号	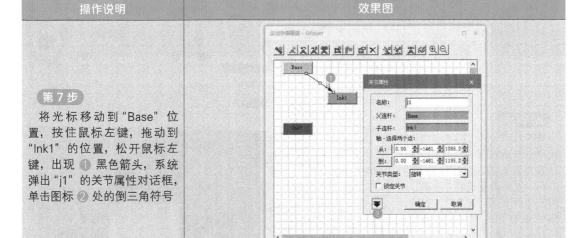
第8步 进行"j1"的关节属性设置。两个点分别选择抓手边缘点，从 B 点到 A 点，如右图 ❶ ❷ 所示。显示区的黄色线段显示关节移动方向，关节类型选择"移动"，限制类型选择"常数"，上下限的值分别为"10"和"0"，然单击"确定"按钮	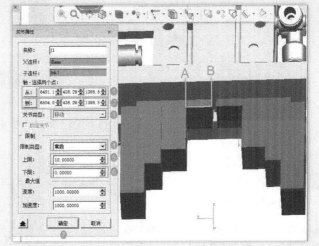
第9步 鼠标光标移动到"Base"位置，按住鼠标左键，拖动到"lnk2"的位置，松开鼠标左键，出现 ❶ 黑色箭头，系统弹出"j1"的关节属性对话框，单击图标 ❷ 处的倒三角符号	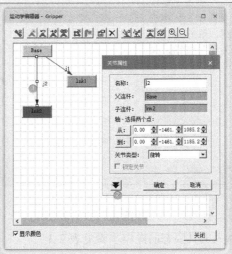

（续）

操作说明	效果图

第10步

进行"j2"的关节属性设置。两个点分别选择抓手边缘点，从 B 点到 A 点，如右图 ❶ ❷ 所示。关节类型选择"移动"，限制类型选择"常数"，上下限的值分别为"10"和"0"，然后单击"确定"按钮

第11步

在"运动学编辑器"对话框中单击"j1"关节，单击"关节依赖关系"按钮，选择"关节函数"按钮，单击下三角按钮 🔽，在下拉列表中选择关节"j2"，单击"j2"，单击"应用"按钮，单击"关闭"按钮，关节"j1"被关节"j2"替代

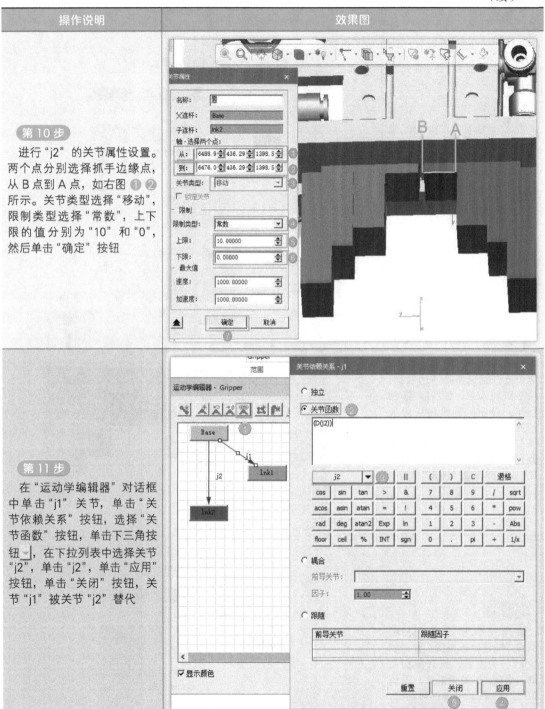

（三）定义机器人工具姿态

定义机器人工具姿态的操作步骤见表2-3。

表2-3　定义机器人工具姿态的操作步骤

操作说明	效果图
第1步 选中抓手，选择菜单栏"建模"，在"运动学设备"工具栏中单击"姿态编辑器"按钮	
第2步 单击"新建"按钮，在弹出的"新建姿态"对话框中，姿态名称修改为CLOSE，值设置为"0"，单击"确定"按钮，姿态创建成功	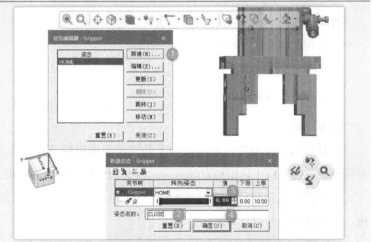
第3步 单击"新建"按钮，在弹出的"新建姿态"对话框中，姿态OPEN值设置为"10"，单击"确定"按钮，姿态创建成功	

任务2 安装工业机器人工具

一、任务描述

在 ABB 工业机器人 IRB1200 上创建基准坐标系和工具坐标系，将工具安装到机器人上，把工业机器人法兰盘上的 TCP 移动到工具坐标系上。

二、任务目标

技能目标：

1. 掌握创建基准坐标系和工具坐标系的方法。

2. 掌握机器人安装工具的方法。

3. 掌握创建设备操作的方法。

素养目标：

1. 认识具有反复性、无限性和上升性，追求真理是一个永无止境的过程，必须与时俱进，开拓创新，在实践中认识和发现真理，在实践中检验和发展真理。

2. 正确的认识和科学理论对实践具有指导作用，错误的认识则会把人们的实践活动引向歧途。要重视科学理论及真理的指导作用。

三、知识储备

（一）运动学关系

单击"建模"菜单栏下"运动学设备"的"工具定义"按钮，系统弹出如图 2-4 所示的"工具定义"对话框。用户可以在此对话框中进行"工具类""坐标系"及"抓握实体"等选项的设置。

单击"工具类"选项下拉箭头，系统弹出如图 2-5 所示的对话框，可定义工具类型，并对工具组件进行焊枪、伺服焊枪、气动伺服焊枪、握爪、喷枪的设置。

图2-4 "工具定义"对话框

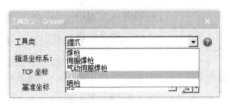

图2-5 "工具定义"对话框

（二）"机器人"菜单栏

1."工具和设备"工具栏

（1）"初始位置"按钮🏠 单击此按钮，使选定运动对象上的所有关节处于HOME姿态，其中所有关节的值都为零，将设备和机器人返回其初始位置。

（2）"关节调整"按钮 单击此按钮，系统弹出如图2-6所示的"关节调整"对话框。使用关节调整命令可以移动所选设备的关节。创建设备后，可以通过测试所选关节在设备中的运动并根据需要调整其极限来研究其运动。"关节调整"对话框包含的内容见表2-4、表2-5。

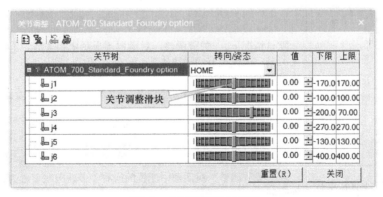

图2-6 "关节调整"对话框

表 2-4　"关节调整"对话框说明

列表	说明
关节树	显示选定组件及其关节的层次表示形式。如果选中的组件是一个超组件，那么关节树将显示所有的子组件及其关节
转向 / 姿态	① 转向 / 姿态的显示因关节和组件而异 使用关节调整滑块来设置所需的关节值。准确的值显示在"值"列中。当关节值超过关节物理限制时，滑块和值以紫色突出显示（可以通过"选项"对话框中的"外观"选项卡中的"运动颜色"更改显示颜色） ② 可以从下拉列表中选择所需的组件姿态 如果给定组件的关节滑块值的组合与下拉列表中的一个姿态不匹配，则下拉列表中不会出现任何姿态选项 在"转向 / 姿势"列中拖动关节调整滑块时，"值"列中的数值将被调整，所选组件将在研究窗口中相应地移动
值	显示关节的精确数值，可以在对话框中直接输入数值
上限和下限	显示关节的软限制。上下限的值可以配置，并限制关节的运动。如果两个或两个以上的关节使用相同的空间进行运动，系统会自动设置软限位，并使相关的软限位域失效，以防止发生碰撞

表 2-5　"关节调整"对话框中各图标的含义

图标	名称	说明
	选项	单击"选项"图标，系统弹出"关节调整设置"对话框。此对话框中可以对关节调整的参数进行显示或隐藏、调换顺序，也可以对关节的步长和滑块的灵敏度进行设置
	显示相关关节	默认情况下，"关节调整"对话框不显示依赖关节。单击此图标显示相关关节，依赖关节的滑块失效。另外，"值""下限"和"上限"的值不能重新设置
	重置所有软限制	在"关节调整"对话框中配置的所有关节软限制重置为每个相关关节的硬限制
	重置为硬限制	选择一个关节的下限值或上限值，单击此图标将其重置为硬限制

（3）"指示关节工作限制"开关按钮 单击此按钮，可将运动对象的关节工作限制打开或关闭。

（4）"限制关节运动"开关按钮 单击此按钮，可将运动对象的关节运动限制打开或关闭。

（5）"安装工具"按钮 单击此按钮，系统弹出如图2-7所示的"安装工具 - 机器人"对话框，选择工具和坐标系，将工具安装在选定运动对象上。

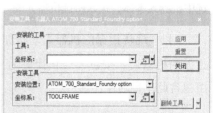

图2-7 "安装工具"对话框

（6）"拆卸工具"按钮 单击此按钮，可将工具从选定运动对象上拆卸下来，并进行移动。

2. "可达范围"工具栏

（1）"机器人调整"按钮 单击"机器人"菜单栏下"可达范围"工具栏的"机器人调整"按钮 ，系统弹出如图2-8所示的对话框，快捷键为<Alt+G>。通过调整关节、操控TCPF或跟随位置来操控机器人。

（2）"可达范围测试"按钮 单击"机器人"菜单栏下"可达范围"工具栏的"可达范围测试"按钮 ，系统弹出如图2-9所示的对话框，检查机器人能否达到所选位置。

图2-8 "机器人调整"对话框

图2-9 "可达范围测试"对话框

其中的图标含义如下：

1） 表示机器人可以完全到达该位置，并且不会发生干涉。

2）表示通过调整，机器人可以完全到达该位置并且不会发生干涉。

3）表示由于机器人可达性的限制或干涉，无法达到该位置。

（3）"跳至位置"按钮　单击"机器人"菜单栏下"可达范围"工具栏的"调至位置"按钮，选中机器人本体，进入所选机器人的"跳转位置"模式。开启时，机器人将跳至所选位置。

（4）"跳转指派的机器人"按钮　单击"机器人"菜单栏下"可达范围"工具栏的"跳转指派的机器人"按钮，快捷键为<Alt+J>。将指派的机器人跳转到所选位置，指派的机器人由包含此位置的操作确定。

（5）"智能放置"按钮　单击"机器人"菜单栏下"可达范围"工具栏的"智能放置"按钮，系统弹出如图2-10所示的对话框，找到机器人或夹具的最佳位置。对于机器人，确定点的范围，机器人从这些点可达到所选位置。对于夹具，确定点的范围，所选一组机器人从这些点可达到夹具。

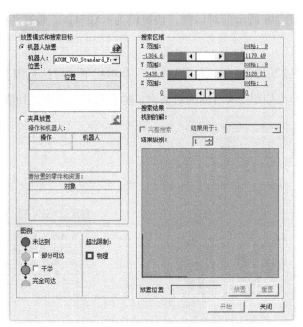

图2-10　"智能放置"对话框

3. "播放"工具栏

（1）"机器人查看器"按钮　单击"机器人"菜单栏下"播放"工具栏的"机器人查看器"按钮，系统弹出如图2-11所示的对话框，选中所选的机器人，显示机器人或设备的诊断信息。

（2）"移至位置"按钮　单击"机器人"菜单栏下"播放"工具栏的"移至位置"按钮，将指派的机器人从当前位置运行到所选位置。指派的机器人是根据包含此位置的操作确定的。

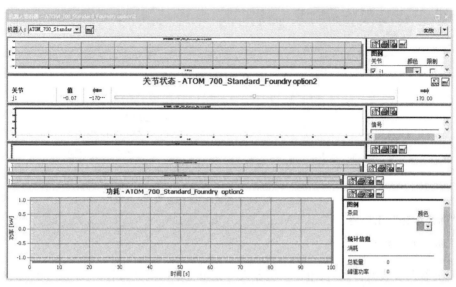

图2-11 "机器人查看器"对话框

（3）"从此位置播放"按钮 单击"机器人"菜单栏下"播放"工具栏的"从此位置播放"按钮 ，将指派的机器人从所选位置运行到操作结束。在程序内部，仿真被重置并运行到所选位置，以便执行此命令时，仿真始于当前位置。

（4）"从当前机器人位置播放到所选位置"按钮 单击"机器人"菜单栏下"播放"工具栏的"从当前机器人位置播放到所选位置"按钮 ，从所选位置运行指派的机器人直到操作结束。仿真没有重置，机器人以其当前状态运行。

4."示教"工具栏

（1）"示教器"按钮 单击"机器人"菜单栏下"示教"工具栏的"示教器"按钮 ，系统弹出如图2-12所示的对话框，定义决定机器人在该位置行为的位置属性。

（2）"将机器人设为自动示教"按钮 单击"机器人"菜单栏下"示教"工具栏的"将机器人设为自动示教"按钮 ，系统弹出如图2-13所示的对话框，将在自动示教期间显示机器人列表。

（3）"清除示教位置"按钮 单击"机器人"菜单栏下"示教"工具栏的"清除示教位置"按钮 ，系统弹出如图2-14所示的对话框，用户可根据需要清除机器人配置和机器人位置的示教坐标。

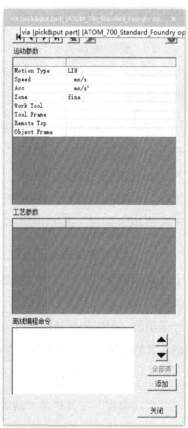

图2-12 定义机器人位置属性

图2-13 "将机器人设为自动示教"对话框

图2-14 "清除示教位置"对话框

5. "离线编程"工具栏

（1）机器人参数

1）"机器人参数编辑器"：单击"机器人"菜单栏下"离线编程"工具栏的"机器人参数编辑器"按钮，编辑所选机器人的参数。

2）"机器人参数查看器"：单击"机器人"菜单栏下"离线编程"工具栏的"机器人参数查看器"按钮，系统弹出如图2-15所示的对话框，用户可查看机器人参数。

3）"删除机器人参数"：单击"机器人"菜单栏下"离线编程"工具栏的"删除机器人参数"按钮，删除所选位置的所有机器人参数。

（2）"外壳可见性开关"按钮 单击"机器人"菜单栏下"离线编程"工具栏的"外壳可见性"开关按钮，切换RCS外壳的可见性。开启时，外壳可见；关闭时，外壳在后台运行。RCS外壳包含RCS输出，适用于调试RCS问题，例如初始化失败。

图2-15 "机器人参数查看器"对话框

（3）"设置外部轴值"按钮 单击"机器人"菜单栏下"离线编程"工具栏的"设置外部轴值"按钮，系统弹出如图2-16所示的对话框，存储机器人在位置上的外部轴值。配置和存储机器人关节（轨道、伺服焊枪等）的外部轴的接近值。外部轴可在机器人属性中定义。

（4）"清除外部轴值"按钮 单击"机器人"菜单栏下"离线编程"工具栏的"清除外部轴值"按钮，从位置清除机器人外部轴的值。

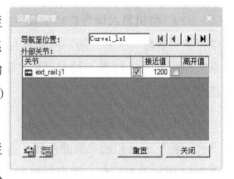

图2-16 "设置外部轴值"对话框

（5）"标记当前轨道值"按钮　单击"机器人"菜单栏下"离线编程"工具栏的"标记当前轨道值"按钮，将当前轨道值复制到所选位置。

（6）"合并机器人操作"按钮　单击"机器人"菜单栏下"离线编程"工具栏的"合并机器人操作"按钮，系统弹出如图2-17所示的对话框，将两个机器人操作合并为一个。

图2-17　"合并机器人操作"对话框

6．"程序"工具栏

（1）"机器人程序查看器"按钮　单击"机器人"菜单栏下"程序"工具栏的"机器人程序查看器"按钮，系统弹出如图2-18所示的对话框，用户可在查看器中查看和跟踪机器人操作和程序。

（2）"上传程序"按钮　单击"机器人"菜单栏下"程序"工具栏的"上传程序"按钮，用户可将机器人程序文件转换为机器人程序。

（3）"机器人程序清单"按钮　单击"机器人"菜单栏下"程序"工具栏的"机器人程序

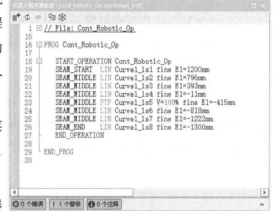

图2-18　"机器人程序查看器"对话框

清单"按钮，系统弹出如图2-19所示的对话框，列出了研究中的所有程序，可编辑、上传和下载现有程序，或为机器人创建新的程序。程序用于一组机器人的操作。

图2-19　"机器人程序清单"对话框

（4）"上传Robcad机器人程序"按钮　单击"机器人"菜单栏下"程序"工具栏的"上传

Robcad 机器人程序"按钮，系统弹出如图 2-20 所示的对话框，上传在 Robcad 中使用默认控制器下载的程序。

（5）"下载到机器人"按钮 单击"机器人"菜单栏下"程序"工具栏的"下载到机器人"按钮，用户可将机器人程序转换成可以下载到机器人的文件。

（6）"新建机器人程序"按钮 单击"机器人"菜单栏下"程序"工具栏的"新建机器人程序"按钮，为机器人创建机器人程序，如图 2-21 所示。

（7）"为复合操作创建机器人程序"按钮 单击"机器人"菜单栏下"程序"工具栏的"为复合操作创建机器人程序"按钮，为复合操作创建机器人程序。

（8）"创建计划程序操作"按钮 单击"机器人"菜单栏下"程序"工具栏的"创建计划程序操作"按钮，系统弹出如图 2-22 所示的对话框，在所选复合操作下创建计划程序操作。

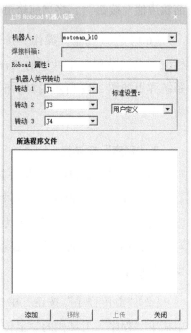

图2-20　"上传Robcad机器人程序"对话框

图2-21　"新建机器人程序"对话框

图2-22　"创建计划程序操作"对话框

7. "设置"工具栏

（1）"机器人属性"按钮 单击"机器人"菜单栏下"设置"工具栏的"机器人属性"按钮，系统弹出如图 2-23 所示的对话框，定义机器人的属性，包括 TCPF、控制器、外部轴和机运线。

（2）"机器人设置"按钮 单击"机器人"菜单栏下"设置"工具栏的"机器人设置"按钮，系统弹出如图 2-24 所示的对话框，定义特定于控制器的机器人信息。

（3）"控制器设置"按钮 单击"机器人"菜单栏下"设置"工具栏的"控制器设置"按钮，系统弹出如图 2-25 所示的对话框，用户可以设置控制器、操控器类型及控制器版本等。

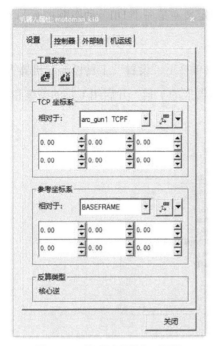

图2-23　"机器人属性"对话框

图2-24　机器人设置对话框

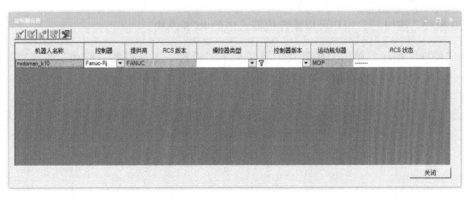

图2-25　"控制器设置"对话框

（4）"XML 检查器"按钮　单击"机器人"菜单栏下"设置"工具栏的"定制命令 XML 检查器"按钮，系统弹出如图 2-26 所示的对话框，用户可以检查机器人的 XML 文件。

（5）"机器人配置"按钮　单击"机器人"菜单栏下"设置"工具栏的"机器人配置"按钮，用户可以查看和示教达到所选位置的逆解。

（6）"设置机器人用户逆"按钮　单击"机器人"菜单栏下"设置"工具栏的"设置机器人用户

图2-26　"定制命令XML检查器"对话框

逆"按钮 🐟，为运动学选择一个用户定义逆。用户定义逆是一个 Dll（动态链接库），它为给定的笛卡儿目标提供所有关节解。

（7）"机器人工具栏"按钮 单击"机器人"菜单栏下"设置"工具栏的"机器人工具栏"按钮 🛠，系统弹出如图 2-27 所示的对话框，定义机器人的工具，并启用工具的安装和拆卸。工具是焊枪及其安装的坐标系等资源。

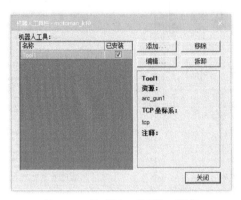

图2-27 "机器人工具栏"对话框

（8）"重置机器人 RCS 模块"按钮 单击"机器人"菜单栏下"设置"工具栏的"重置机器人 RCS 模块"按钮 🔧，用户可以重置机器人中的 RCS 模块。

（9）"校准"按钮 单击"机器人"菜单栏下"设置"工具栏的"校准"按钮 🔧，系统弹出如图 2-28 所示的对话框，用户可以对工件进行校准。

图2-28 "校准"对话框

8. "体"工具栏

（1）"自动干涉"按钮 单击"机器人"菜单栏下"体"工具栏的"自动干涉"按钮，系统弹出如图 2-29 所示的对话框。用户可以在此对话框中添加机器人程序和操作，自动生成扫掠体和干涉体对象。

（2）"干涉查询"按钮 单击"机器人"菜单栏下"体"工具栏的"干涉查询"按钮，用户可管理研究的干涉体。

（3）"扫掠体"按钮 单击"机器人"菜单栏下"体"工具栏的"扫掠体"按钮，系统弹出如图 2-30 所示的对话框，创建表示在给定的机器人程序或操作期间，机器人及其装配穿过的整个空间的体。

图2-29 "自动干涉"对话框

图2-30 "扫掠体"对话框

（4）"干涉体"按钮 单击"机器人"菜单栏下"体"工具栏的"干涉体"按钮，系统弹出如图 2-31 所示的对话框。在此对话框中可创建由两个扫掠体的相交部分形成的特征体。

（5）"干涉区域"按钮 单击"机器人"菜单栏下"体"工具栏的"干涉区域"按钮，系统弹出如图 2-32 所示的对话框，可创建机器人操作与先前根据其他机器人程序或操作创建的扫掠体之间的共有区域，一般用于检测干涉。

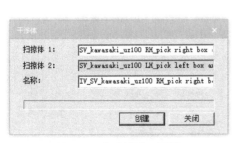

图2-31 "干涉体"对话框

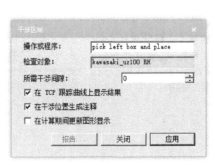

图2-32 "干涉区域"对话框

9."分析"工具栏

（1）"TCP 跟踪器"按钮　单击"机器人"菜单栏下"分析"工具栏的"TCP 跟踪器"按钮，系统弹出如图 2-33 所示的对话框。用户可以单击相应按钮，跟踪机器人 TCP（工具中心点），并沿其轨迹生成曲线。

（2）"周期时间报告开关"按钮　单击"机器人"菜单栏下"分析"工具栏的"周期时间报告"开关按钮，切换周期时间报告。开启时，每次运行仿真时都会自动创建周期时间报告。周期时间报告会显示活动计时器的持续时间。

图2-33　"TCP跟踪器"对话框

（3）"周期时间报告设置"按钮　单击"机器人"菜单栏下"分析"工具栏的"周期时间报告设置"按钮，系统弹出如图 2-34 所示的对话框，选择周期时间报告内容。选择将在报告中列出和汇总的计时器。当"周期时间报告"处于开启状态时，将创建周期时间报告，并运行仿真。

图2-34　"周期时间报告设置"对话框

四、任务实施

（一）安装机器人工具

定义机器人工具的基准坐标系和工具坐标系的操作步骤见表 2-6。

表 2-6　定义机器人工具的基准坐标系和工具坐标系的操作步骤

操作说明	效果图
第 1 步 选中抓手，选择菜单栏"建模"；在"布局"工具栏中单击"创建坐标系"→"在圆心创建坐标系"按钮	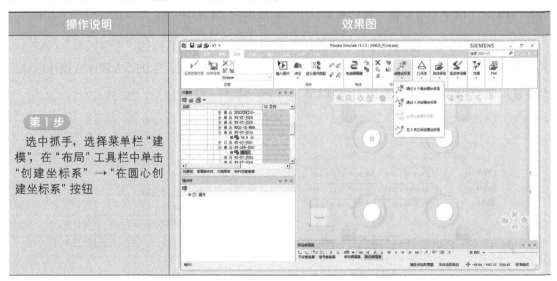

（续）

操作说明	效果图
第2步 按照已经学过的方法，在基准平面创建两个坐标系"fr1"和"fr2"	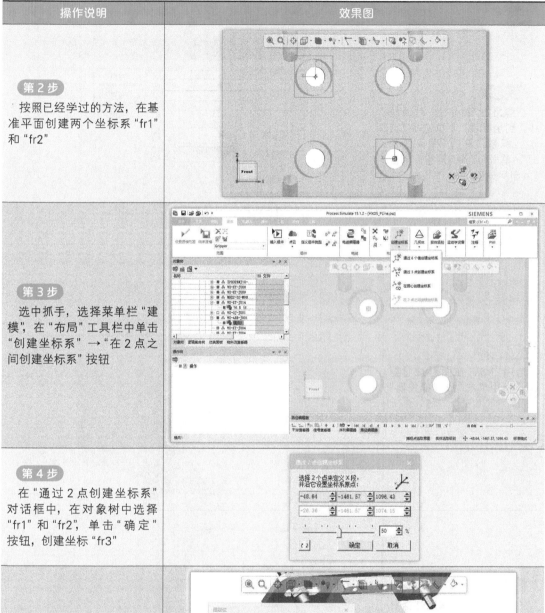
第3步 选中抓手，选择菜单栏"建模"，在"布局"工具栏中单击"创建坐标系"→"在2点之间创建坐标系"按钮	
第4步 在"通过2点创建坐标系"对话框中，在对象树中选择"fr1"和"fr2"，单击"确定"按钮，创建坐标"fr3"	
第5步 在对象树中选中"fr3"；在图形查看器工具条中单击"重定位"按钮	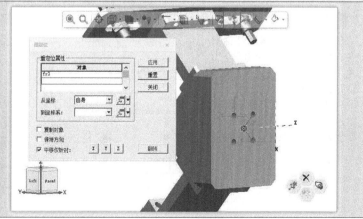

（续）

操作说明	效果图
第6步 在弹出的"重定位"对话框中,"到坐标系"下拉选择"工作坐标系,勾选"平移仅针对",单击"应用"按钮,单击"关闭"按钮	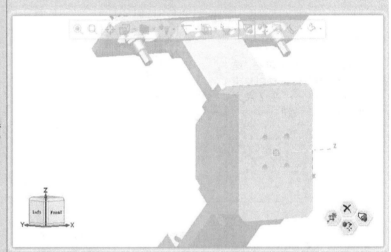
第7步 选中"fr3",在图形查看器工具条中单击"放置操控器"按钮	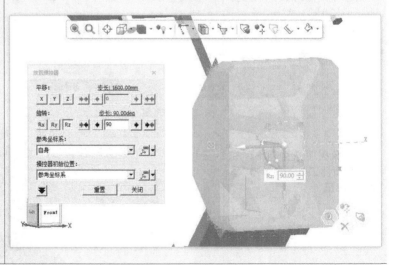
第8步 在"放置操控器"对话框中,修改 Rx 为"-90°",Rz为"90°",使 fr3 坐标系的 Z轴正方向朝里,X 轴正方向朝下。此坐标系的方向需与机器人的工具坐标系方向一致,便于工具的安装	

（续）

操作说明	效果图
第9步 在对象树中显示托盘	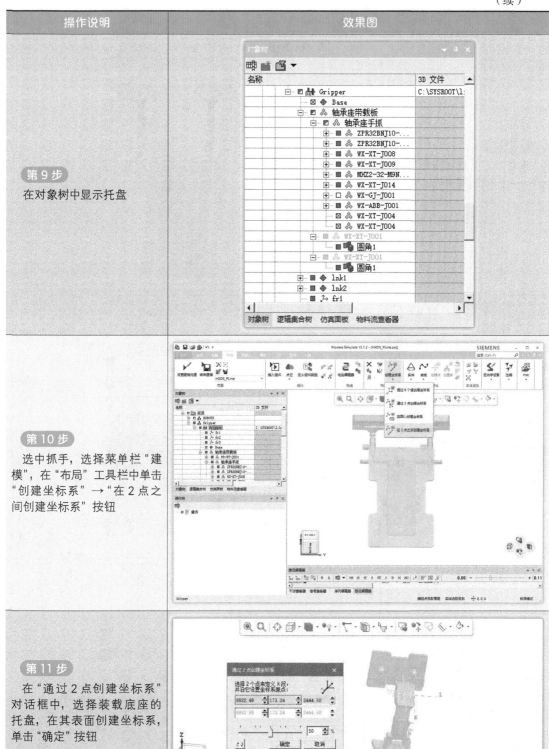
第10步 选中抓手，选择菜单栏"建模"，在"布局"工具栏中单击"创建坐标系"→"在2点之间创建坐标系"按钮	
第11步 在"通过2点创建坐标系"对话框中，选择装载底座的托盘，在其表面创建坐标系，单击"确定"按钮	

（续）

操作说明	效果图
第 12 步 选中"fr4"，选择图形查看器工具条中的"重定位"	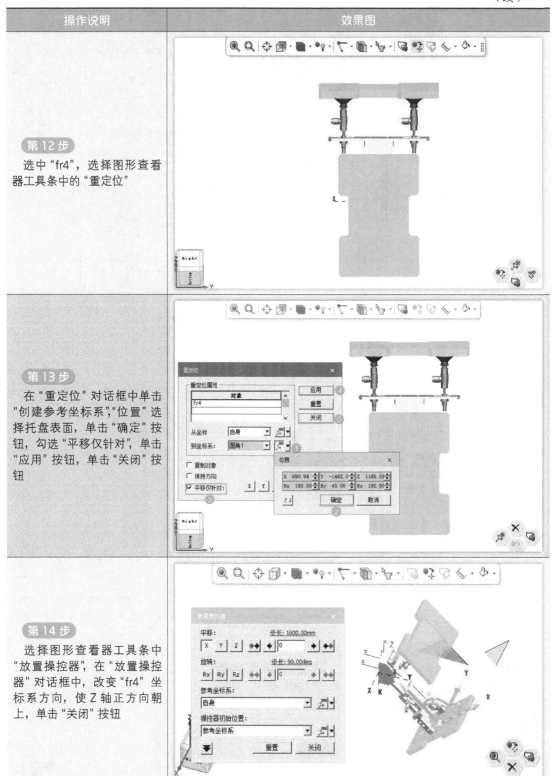
第 13 步 在"重定位"对话框中单击"创建参考坐标系"，"位置"选择托盘表面，单击"确定"按钮，勾选"平移仅针对"，单击"应用"按钮，单击"关闭"按钮	
第 14 步 选择图形查看器工具条中"放置操控器"，在"放置操控器"对话框中，改变"fr4"坐标系方向，使 Z 轴正方向朝上，单击"关闭"按钮	

（续）

操作说明	效果图
第15步 修改"fr4"名称为"TCP1"	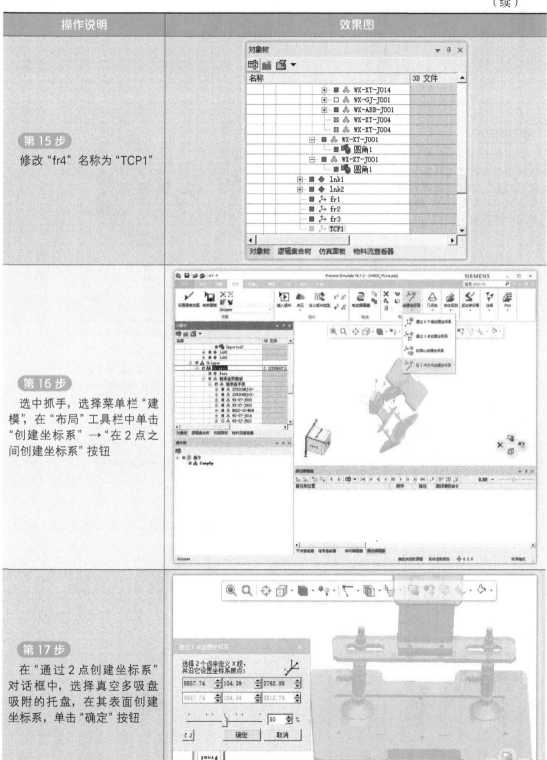
第16步 　选中抓手，选择菜单栏"建模"，在"布局"工具栏中单击"创建坐标系"→"在2点之间创建坐标系"按钮	
第17步 　在"通过2点创建坐标系"对话框中，选择真空多吸盘吸附的托盘，在其表面创建坐标系，单击"确定"按钮	

（续）

操作说明	效果图
第 18 步 选中新创建坐标系"fr4"，选择图形查看器工具条中"放置操控器"，在"放置操控器"对话框中，改变"fr4"坐标系方向，使 Z 轴正方向朝上	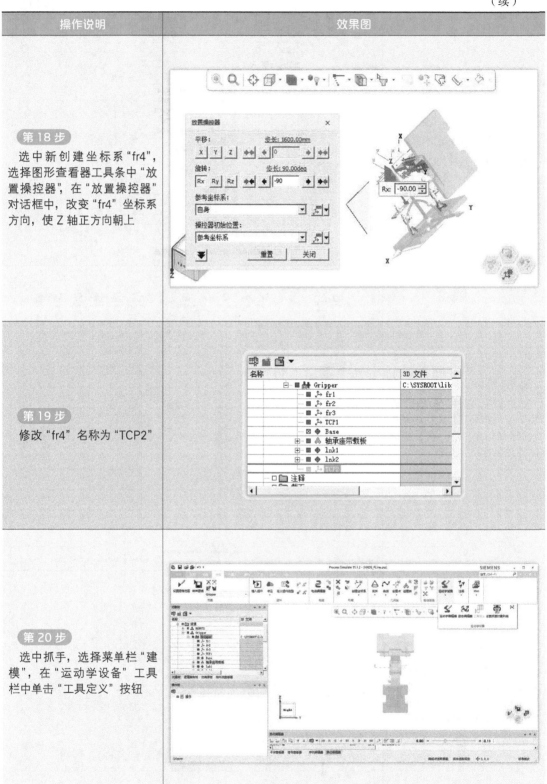
第 19 步 修改"fr4"名称为"TCP2"	
第 20 步 选中抓手，选择菜单栏"建模"，在"运动学设备"工具栏中单击"工具定义"按钮	

（续）

操作说明	效果图
第21步 在"工具定义—Gripper"对话框中，"工具类"下拉菜单选择"握爪"，"TCP坐标"选择"TCP1"，"基准坐标"选择"fr3"，"抓握实体"元素选择夹爪式抓具和真空多吸盘边缘，单击"确定"按钮	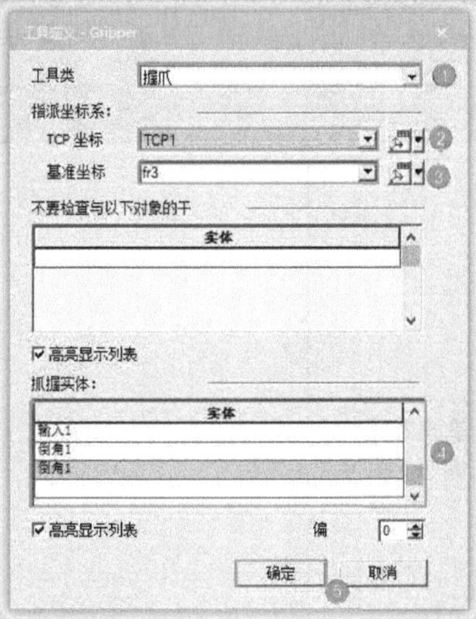 *工具定义对话框界面*
第22步 选中机器人本体，单击"机器人"菜单下的"安装工具"按钮	*机器人菜单界面*
第23步 在"安装工具"对话框中，"工具"选择"Gripper"，"坐标系"选择"基准坐标系"，单击"翻转工具"，使工具安装至合适位置，单击"应用"按钮，单击"关闭"按钮	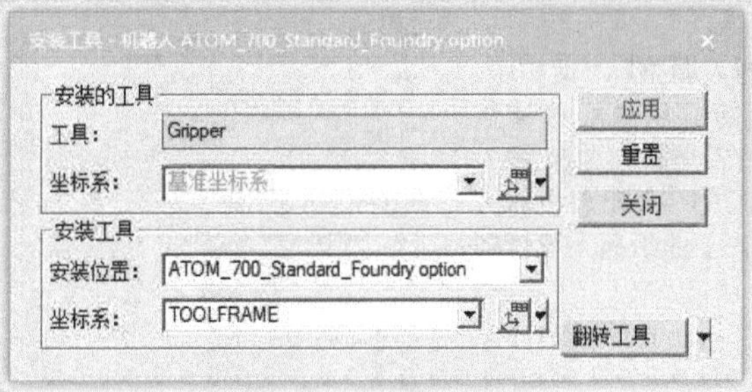 *安装工具对话框界面*
第24步 安装工具效果如右图所示	*机器人安装工具效果图*

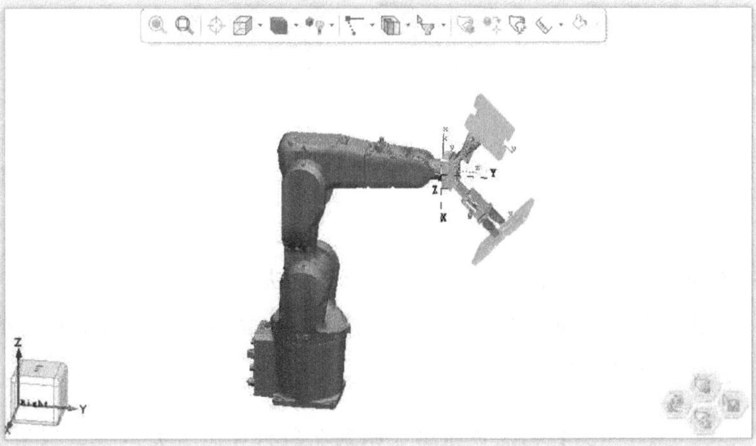

（二）验证工业机器人属性

验证工业机器人属性的操作步骤见表 2-7。

表 2-7　验证工业机器人属性的操作步骤

操作说明	效果图
第1步 选中机器人，单击鼠标左键，单击"机器人调整"图标	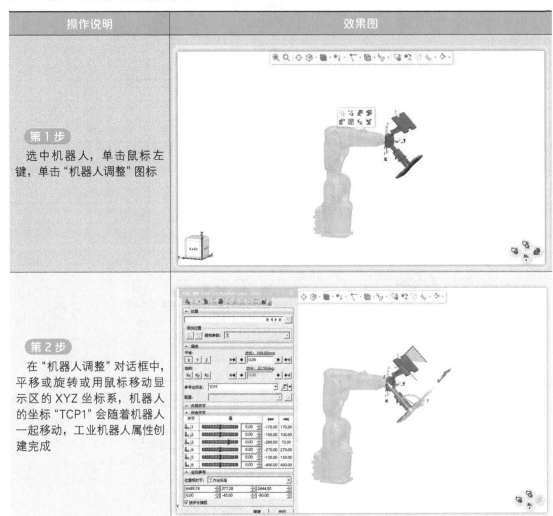
第2步 在"机器人调整"对话框中，平移或旋转或用鼠标移动显示区的 XYZ 坐标系，机器人的坐标"TCP1"会随着机器人一起移动，工业机器人属性创建完成	

时代先锋——钱七虎：他们把生命都献给了党和国家，我还有什么不能贡献呢？

1937 年 10 月，钱七虎出生于母亲逃难途中的小船上。从上海中学毕业时，我国正急需军事人才，于是，成绩优异的钱七虎就去了新成立不久的哈尔滨军事工程学院。因为要跟黄土铁铲打交道，大家都不太愿意选防护工程专业。作为班上骨干，钱七虎带头服从组织分配，选了防护工程，也选择了他一生的事业。

1960 年，钱七虎被组织选派到莫斯科古比雪夫军事工程学院学习深造。留苏 4 年，除了莫斯科，他没去过其他城市。就算上街，基本上也是去书店或图书馆。他相信，天才出自勤奋。

留学归国后，钱七虎克服各种困难，依然一门心思做学问、搞研究。当时，我国面临严峻的核威胁环境。从那时起，为祖国铸就坚不可摧的"地下钢铁长城"就成了钱七虎毕生的追求。

20世纪70年代初，钱七虎受命进行某飞机洞库防护门设计。为获得准确的实验数据，他赶赴核爆试验现场进行实地调查研究和数据收集。在现场，钱七虎发现，核爆后飞机洞库门没有被炸毁，飞机也没有受损，但防护门却出现严重变形，无法开启。为解决这一问题，他率先引入当时世界上刚兴起的有限元计算理论，加班加点学习计算机语言，编制出计算机程序，翻译整理出十多万字的外文资料。

为了能在七机部五院、中科院计算机所的大型计算机上计算，钱七虎只能趁人家不上机的午饭时间和晚上使用。长时间饮食不规律，他得了十二指肠溃疡、胃溃疡，后来又诱发了痔疮。"但这些困难我都克服了，坚持了下来。"

后来，钱七虎设计出了当时跨度最大、抗力最高、能抵抗核爆炸冲击波的机库大门，还出版了专著《有限元法在工程结构计算中的应用》，获得了1978年全国科学大会重大科技成果奖。

如何做到不怕苦难、不怕挫折、不被干扰？钱七虎认为，一个人只有树立了远大理想，才能有坚强的事业心，才能有巨大的动力，才能沉得下心气、耐得住寂寞，不断拼搏进取，始终走在科技前沿。而且，这份理想，一定要与国家和民族的前途命运紧密联系在一起。

2018年，钱七虎获得国家最高科学技术奖。他把800万元奖金全部捐出，资助我国西部的贫困学生。"我们现在的幸福生活都是由烈士先辈流血牺牲奋斗换来的。他们把生命都献给了党和国家，我还有什么不能贡献呢？"钱七虎说。

2020年，新冠疫情暴发后，钱七虎又把江苏省配套奖励给他的800万元中的650万元捐给了武汉抗疫一线，其余的150万元分别捐给了母校上海中学和中国岩石力学与工程学会。"能够贡献我的一点力量，也是在回报社会、回报党的恩情。"

钱七虎寄语青年科技工作者：认真学习、努力践行、积极弘扬科学家精神，在自己的领域有大的建树和作为，成为实现中国梦的栋梁之材。

项目3
工业机器人路径规划

本项目介绍通过 Process Simulate 软件使工业机器人在空间中进行抓取零件、托盘等操作。

【知识启迪】

数字孪生简单来说就是运用物理模型，应用传感器读取数据的模拟仿真全过程，在虚拟空间中进行映射，以体现相对应的实体的项目生命周期全过程。未来，物理世界中的各类事物都能够应用数字孪生技术进行"复制"。在工业生产行业，数字孪生技术的应用将大幅度促进产品在设计方案、生产制造、维护保养及检修等阶段的转型。

数字孪生技术不但能够让人们见到产品外部的转变，更关键的是能够见到产品内部的每一个零部件的运行状态。比如，根据数字 3D 模型可以看到轿车在运行过程中，发动机内部的每一个零部件的瞬时状态，进而能够对零部件进行保护性维护保养。

数字孪生将是改变制造行业游戏规则的一项新技术。据预测，不久的将来，绝大多数物联网云平台将应用某类数字孪生技术展开监管，某些城市将率先运用数字孪生技术进行智慧城市的管理。当然，数字孪生不仅将在加工厂与城市经营方面发挥作用，也将在生活家居、个人健康服务等层面大有作为。有学者认为：在十年之后，数字孪生技术将从智能家居系统管理中心、工业生产设备监控、远程操控、智慧城市管理方法、促进现实世界探索、健康监测与管理、人类大脑活动的监控与管理七个层面改变人们的工作与生活。

任务 1 机器人路径规划

一、任务描述

本任务的目标是：机器人能够抓取零件到滑撬上，抓取托盘入库。

二、任务目标

技能目标：

1. 掌握机器人路径规划的操作方法。

2. 掌握在模型中创建坐标系的方法。

3. 掌握拾放操作在机器人中的应用。

素养目标：

1. 学习或做事时必须坚持联系的观点看问题（坚持整体与部分的统一，掌握系统优化的方法），避免孤立看问题。

2. 人具有主观能动性，可以根据事物的固有联系改变事物的状态，建立新的具体联系。

三、知识储备

（一）"视图"菜单栏

通过"视图"菜单栏里的工具按钮（图3-1、图3-2）可以创建、打开多个窗口，用户可以选择或建立自己的工作界面布局，还可以调整模型显示状态，进行渲染等。

图3-1 "视图"菜单栏（一）

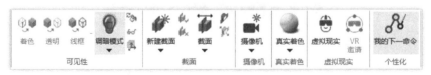

图3-2 "视图"菜单栏（二）

1."屏幕布局"工具栏

（1）"新建窗口"按钮 单击此按钮，可以创建多个图形查看器窗口，以便从多视图角度观察仿真研究，如图3-3和图3-4所示。

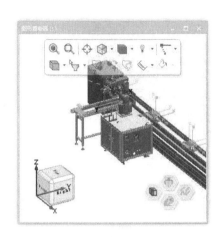

图3-3 图形查看器窗口（一）

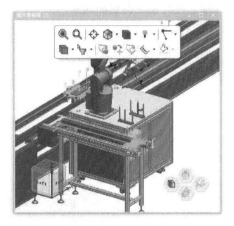

图3-4 图形查看器窗口（二）

（2）"布置窗口"按钮 单击此按钮，可以将多个图形查看器窗口按照选择的布置类型进行排列，如图3-5所示。

（3）"切换窗口"按钮 可以快速地将某一个图形查看器窗口切换为主窗口。

（4）"布局管理器"按钮 单击此按钮，系统将弹出"布局列表"对话框，可以新建和选择用户界面布局。不同的布局针对不同的仿真研究任务，查看器类型及位置也不同，如图3-6所示。

图3-5 布置窗口

图3-6 "布局列表"对话框

（5）"显示地板开关"按钮 快捷键为<AIt+F>，可以用于显示地板网络，效果如图3-7所示。

（6）"调整地板"按钮 单击此按钮，系统将弹出"调整地板"对话框，可以设置地板尺寸和网络尺寸，如图3-8所示。单击"自动调整"按钮，地板尺寸就会根据研究场景进行自动调整。

2."方向"工具栏

（1）"平行/透视"视图模式按钮 单击此按钮，可以将当前图形窗口视图在平行或透视模式之间切换。在平行模式下，空间的平行线显示为平行线。在透视模式下，使图形变形以体现深度，使对象显得更加逼真。

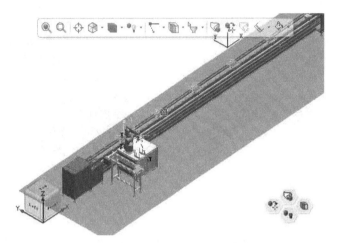

图3-7　地板显示

（2）"平移"按钮 ✛　单击此按钮，选中研究图形并移动鼠标，可以平移研究图形。

（3）"缩放"按钮 🔍　单击此按钮，选中研究图形并拖动鼠标，可以缩放研究图形。

（4）"选择"按钮 ⬚　单击此按钮，单击对象就可以选择对象。

图3-8　"调整地板"对话框

（5）"旋转"按钮 🔄　单击此按钮，选中研究图形并拖动鼠标，可以旋转研究图形。

3. "可见性"工具栏

（1）"着色"按钮 🔅　单击此按钮，可以将选取的对象以着色模式显示。

（2）"透明"按钮 🔅　单击此按钮，可以将选取的对象以透明模式显示。

（3）"线框"按钮 🔅　单击此按钮，可以将选取的对象以线框模式显示。

（4）"颜色调暗模式"按钮 🔅　单击此按钮，此模式打开后，当通过"放置操控器"按钮对选择的对象进行位置及角度调整时，其余对象会被调暗显示。

（5）"灰度调暗模式"按钮 🔅　单击此按钮，此模式打开后，当通过"放置操控器"按钮对选择的对象进行调整时，其余对象会被调为暗灰色显示。

（6）"恢复颜色"按钮 🔅　单击此按钮，修改所选对象的颜色后，如果不满意，可以通过"恢复颜色"按钮恢复到修改前的颜色。

（7）"位置/坐标系始终显示在最前面"按钮 🔅　单击此按钮，所有位置及坐标系都会在其他对象上面显示，方便查看及选择。

（二）"操作"菜单栏

（1）"在前面添加位置"按钮 单击此按钮，可在路径中所选位置之前创建位置。使用图形查看器中的对话框和操控器重定位新位置。

（2）"在后面添加位置"按钮 单击此按钮，可在路径中所选位置之后创建位置。使用图形查看器中的对话框和操控器重定位新位置。

（3）"添加当前位置"按钮 单击此按钮，可在路径中所选位置后创建位置。新位置将位于机器人或对象的当前位置。

（4）"通过选取添加位置"按钮 单击此按钮，可在所选路径的终点或所选位置之后创建位置。新位置点将由图形查看器中的选取操作来确定。

（5）"通过选取添加多个位置"按钮 单击此按钮，可在所选路径的终点或所选位置之后连续创建多个位置。新位置点将由图形查看器中的选取操作来确定。

（6）"交互式添加位置"按钮 单击此按钮，可在正在仿真的对象流操作范围内创建位置。使用图形查看器中的对话框和操控器重定位新位置。

四、任务实施

（一）导入模型并布局

导入模型并布局的操作步骤见表3-1。

表 3-1 导入模型并布局的操作步骤

操作说明	效果图
第1步 把 project3 文件夹中的资源添加到系统根目录中，如右图所示	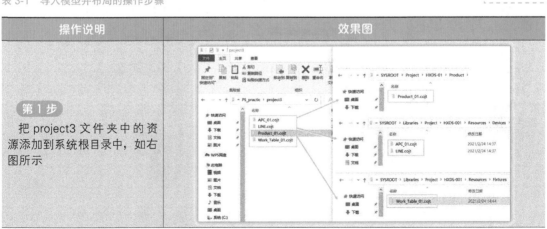

（续）

操作说明	效果图
第2步 在目录 SYSROOT\Project\HXDS-001\XML 中，打开 HXDS_Pline.psz 文件	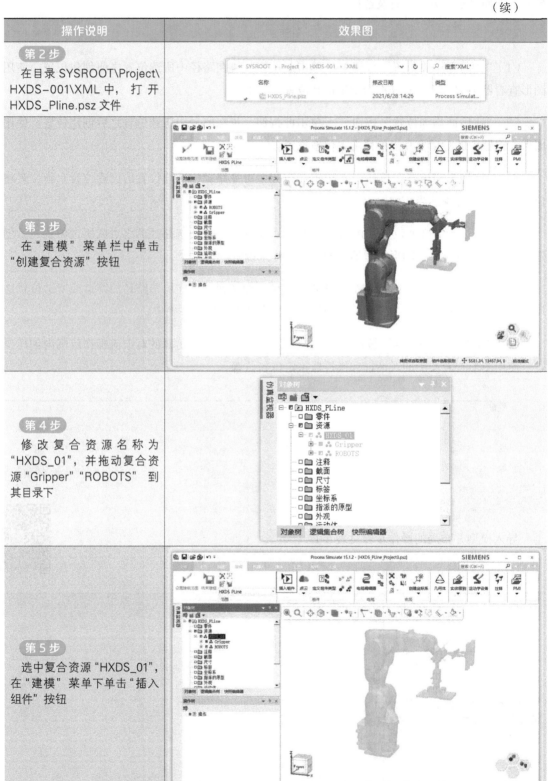
第3步 在"建模"菜单栏中单击"创建复合资源"按钮	
第4步 修改复合资源名称为"HXDS_01"，并拖动复合资源"Gripper""ROBOTS"到其目录下	
第5步 选中复合资源"HXDS_01"，在"建模"菜单下单击"插入组件"按钮	

（续）

操作说明	效果图
第6步 在硬盘上找到"Work_Table_01"文件夹，选中并单击"打开"按钮	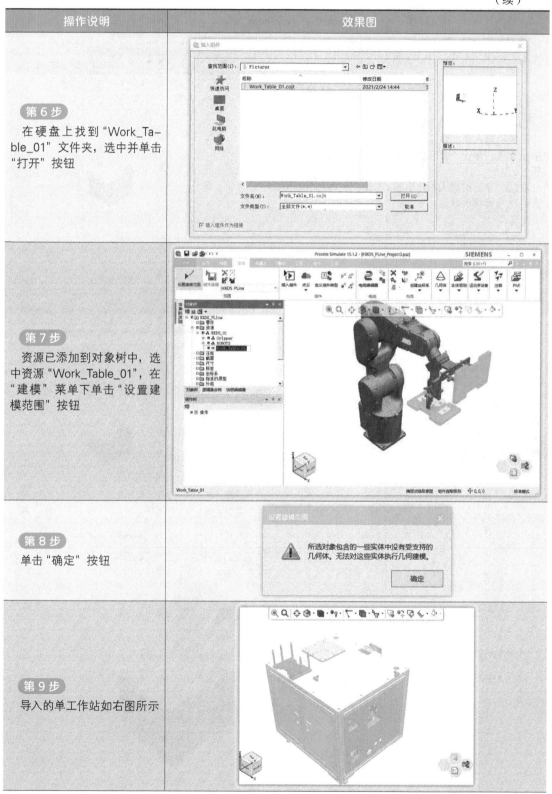
第7步 资源已添加到对象树中，选中资源"Work_Table_01"，在"建模"菜单下单击"设置建模范围"按钮	
第8步 单击"确定"按钮	
第9步 导入的单工作站如右图所示	

（续）

操作说明	效果图
第 10 步 安装机器人到工作站上。选中机器人，单击"重定位"按钮 注意：移动机器人时，机器人是结束建模的状态	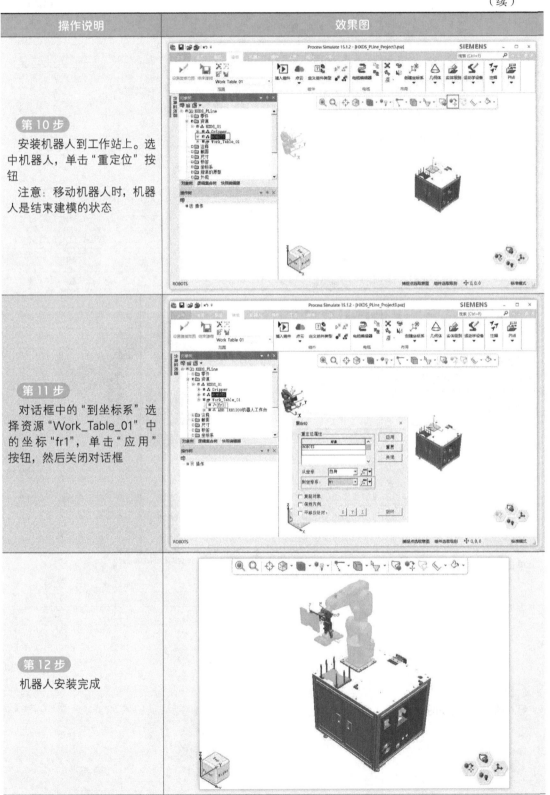
第 11 步 对话框中的"到坐标系"选择资源"Work_Table_01"中的坐标"fr1"，单击"应用"按钮，然后关闭对话框	
第 12 步 机器人安装完成	

（续）

操作说明	效果图
第13步 选中复合资源"HXDS_01"，在"建模"菜单下单击"插入组件"按钮	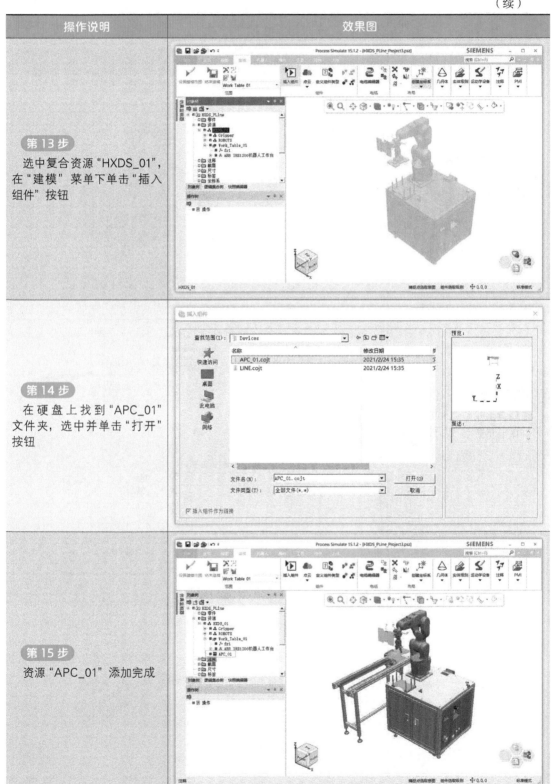
第14步 在硬盘上找到"APC_01"文件夹，选中并单击"打开"按钮	
第15步 资源"APC_01"添加完成	

（续）

操作说明	效果图
第 16 步 选中复合资源 "HXDS_01"，在 "建模" 菜单下单击 "插入组件" 按钮	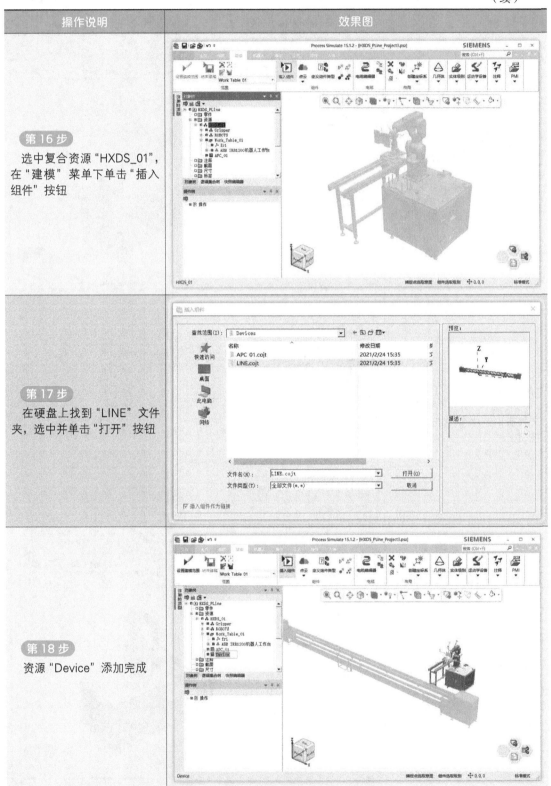
第 17 步 在硬盘上找到 "LINE" 文件夹，选中并单击 "打开" 按钮	
第 18 步 资源 "Device" 添加完成	

（续）

操作说明	效果图
第19步 选中资源"Device"，单击"放置操控器"按钮，调整产线到合适的位置	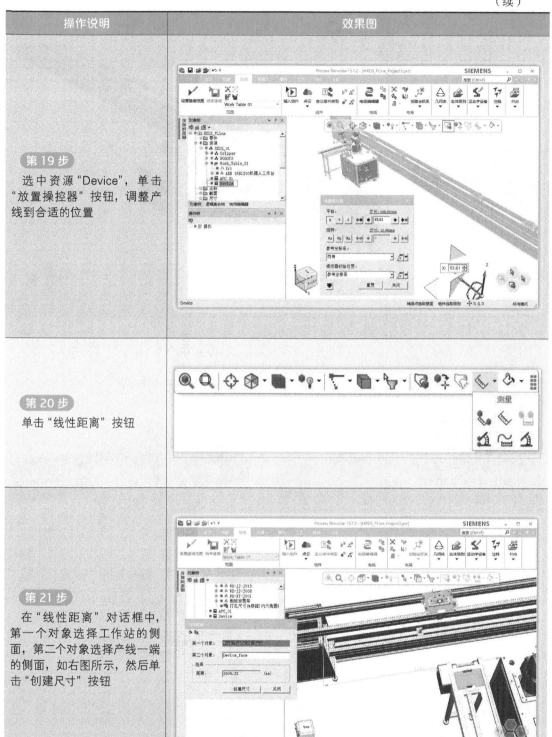
第20步 单击"线性距离"按钮	
第21步 在"线性距离"对话框中，第一个对象选择工作站的侧面，第二个对象选择产线一端的侧面，如右图所示，然后单击"创建尺寸"按钮	

（续）

操作说明	效果图
第22步 按照上述方法创建尺寸，产线与工作站的位置关系如右图所示	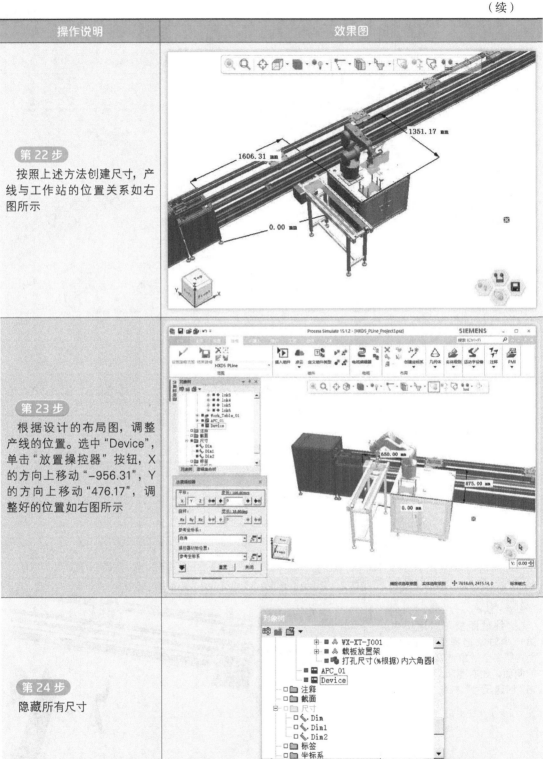
第23步 根据设计的布局图，调整产线的位置。选中"Device"，单击"放置操控器"按钮，X的方向上移动"−956.31"，Y的方向上移动"476.17"，调整好的位置如右图所示	
第24步 隐藏所有尺寸	

（续）

操作说明	效果图
第 25 步 在对象树中选中"零件"，在"建模"菜单中单击"创建复合零件"按钮	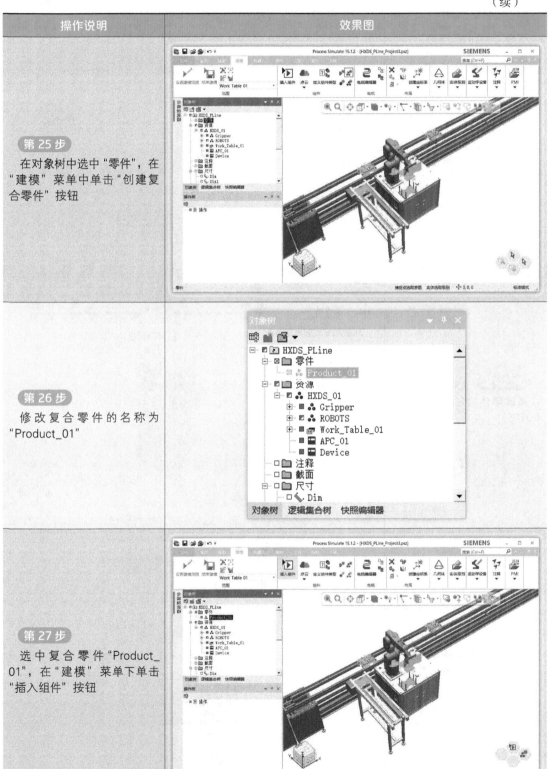
第 26 步 修改复合零件的名称为"Product_01"	
第 27 步 选中复合零件"Product_01"，在"建模"菜单下单击"插入组件"按钮	

（续）

操作说明	效果图
第 28 步 在硬盘中找到"Product_01"文件夹，选中并单击"打开"按钮	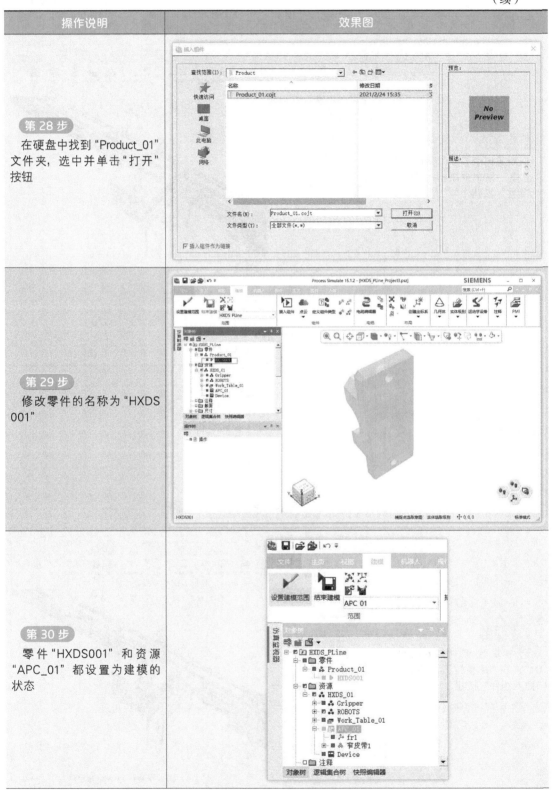
第 29 步 修改零件的名称为"HXDS001"	
第 30 步 零件"HXDS001"和资源"APC_01"都设置为建模的状态	

（续）

操作说明	效果图
第31步 修改零件自身坐标系的方向。选中零件，单击"重定位"按钮，"到坐标系"选择资源"APC_01"中的坐标"fr1"，勾选"平移仅针对"，单击"应用"按钮，单击"关闭"按钮	
第32步 调整后的零件自身坐标系的方向如右图所示	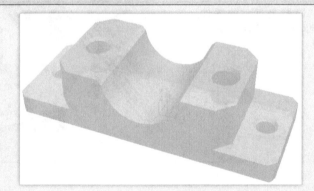
第33步 移动零件的位置。选中零件，单击"重定位"按钮，"到坐标系"选择资源"APC_01"中的坐标"fr1"，单击"应用"按钮，单击"关闭"按钮	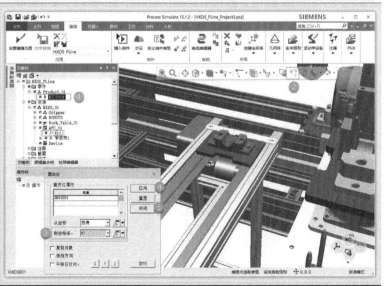

（二）规划机器人路径

1. 抓取和放置零件

机器人抓取和放置零件的操作步骤见表 3-2。

表 3-2　机器人抓取和放置零件的操作步骤

操作说明	效果图
第 1 步 隐藏零件。"选取级别"改为"实体选取级别"，选中夹爪上的零件，单击鼠标右键，在出现的列表中单击"隐藏"按钮，隐藏夹爪上的零件。按照相同的方法隐藏传送带上的零件	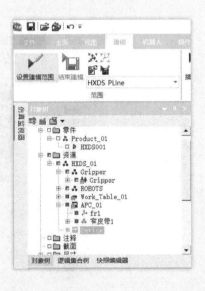
第 2 步 在对象树中选中"Device"，在"建模"菜单栏中单击"设置建模范围"，把"Device"资源设置为可编辑的状态	

（续）

操作说明	效果图
第3步 在"Device"下拉列表中隐藏模型"WX-GJ-J000"	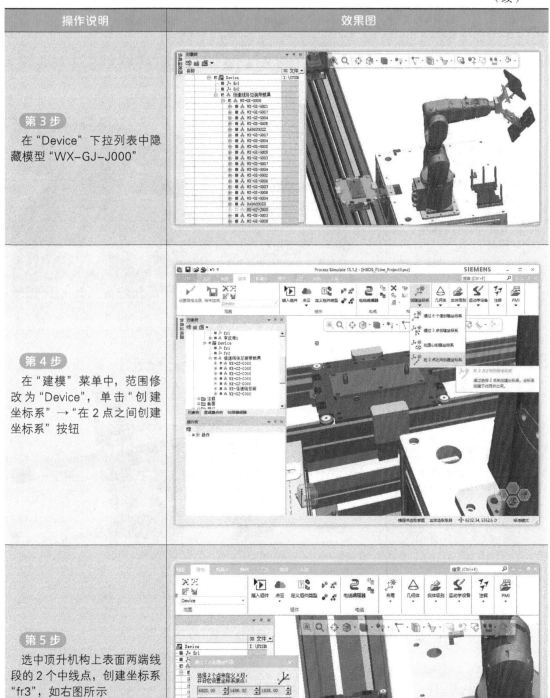
第4步 在"建模"菜单中，范围修改为"Device"，单击"创建坐标系"→"在2点之间创建坐标系"按钮	
第5步 选中顶升机构上表面两端线段的2个中线点，创建坐标系"fr3"，如右图所示	

（续）

操作说明	效果图
第6步 在对象树或者顶升机构上选中坐标"fr3"，单击"重定位"按钮，"到坐标系"选择"APC_01"中的"fr1"，勾选"平移仅针对"，单击"应用"按钮，单击"关闭"按钮，则坐标"fr3"的方向调整到与"fr1"相同	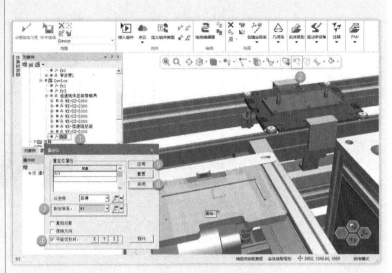
第7步 在"操作"菜单栏中单击"新建操作"→"新建复合操作"按钮	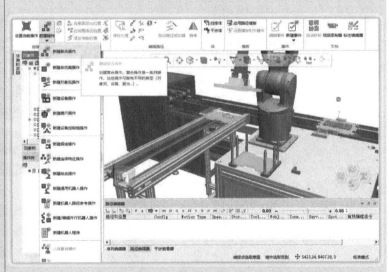
第8步 在"新建复合操作"对话框中修改操作名为"R01_Robot"	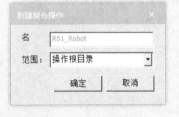

（续）

操作说明	效果图
第9步 在"操作树"中选中复合操作"R01_Robot"，在"操作"菜单栏中单击"新建操作"→"新建拾放操作"按钮	
第10步 在弹出的"新建拾放操作"对话框中，"名称"修改为"pick&put part"，"机器人"选择机器人本体。握爪拾取和放置姿态："拾取"为"CLOSE"，"放置"为"OPEN"。定义拾取和放置点："拾取"为APC_01中的"fr1"，"放置"为Device中的"fr3"	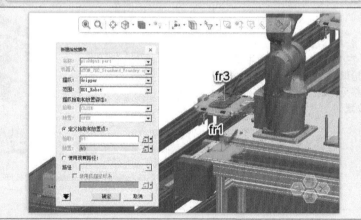
第11步 新建拾放操作"pick&put part"创建完成。选中操作，在"路径编辑器"中单击"向编辑器添加操作"按钮，把操作"pick&put part"添加到"路径编辑器"中	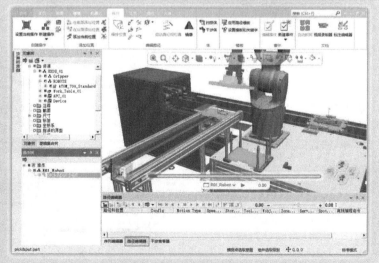

（续）

操作说明	效果图
第12步 在"操作"菜单栏中单击"添加当前位置"按钮	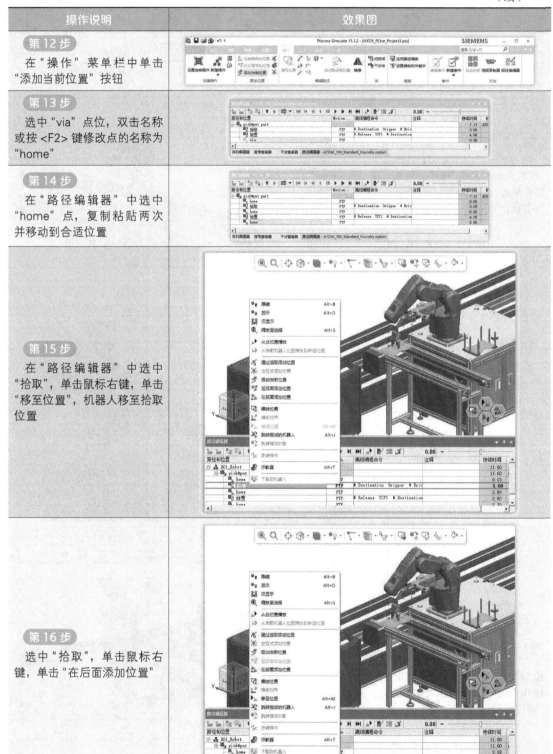
第13步 选中"via"点位，双击名称或按 <F2> 键修改点的名称为"home"	
第14步 在"路径编辑器"中选中"home"点，复制粘贴两次并移动到合适位置	
第15步 在"路径编辑器"中选中"拾取"，单击鼠标右键，单击"移至位置"，机器人移至拾取位置	
第16步 选中"拾取"，单击鼠标右键，单击"在后面添加位置"	

（续）

操作说明	效果图
第17步 在弹出的"机器人调整"对话框中，平移选Z，"步长"修改为"100"，使机器人向Z轴正方向移动100，单击"关闭"按钮，退出对话框	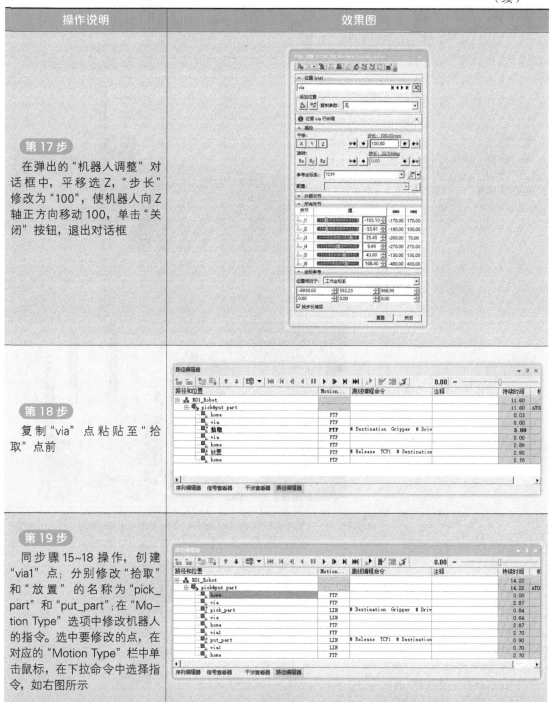
第18步 复制"via"点粘贴至"拾取"点前	
第19步 同步骤15~18操作，创建"via1"点；分别修改"拾取"和"放置"的名称为"pick_part"和"put_part"；在"Motion Type"选项中修改机器人的指令。选中要修改的点，在对应的"Motion Type"栏中单击鼠标，在下拉命令中选择指令，如右图所示	

2. 抓取和放置托盘

机器人抓取和放置托盘的操作步骤见表3-3。

表 3-3　机器人抓取和放置托盘的操作步骤

操作说明	效果图
第 1 步 在"建模"菜单栏中，范围改为"Work_Table_01"，单击"创建坐标系"→"在 2 点之间创建坐标系"按钮	
第 2 步 选中单工作站中托盘凹槽下表面长边线的 2 个中点，创建坐标系"fr2"，如右图所示。单击"确定"按钮，退出对话框	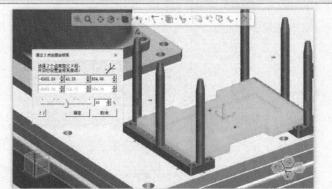
第 3 步 调整坐标"fr2"的方向与资源"APC_01"中的坐标系"fr1"的方向相同。选中"fr2"，单击"重定位"按钮，"到坐标系"选择"fr1"，勾选"平移仅针对"复选项，单击"应用"按钮，单击"关闭"按钮，退出对话框	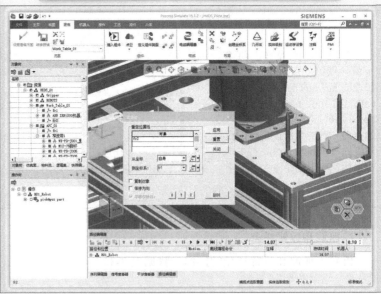

（续）

操作说明	效果图
第 4 步 选中操作"R01_Robot"，在"操作"菜单栏中单击"新建操作"→"新建拾放操作"按钮	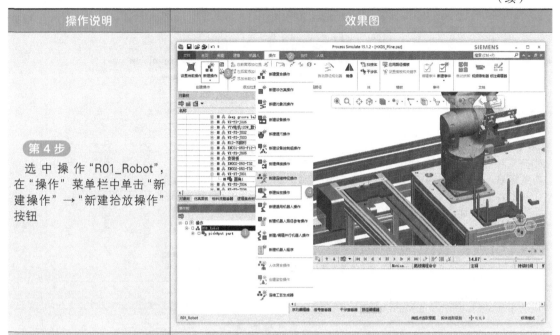
第 5 步 在弹出的"新建拾放操作"对话框中，"名称"修改为"pick&put tuopan"，"机器人"选择机器人本体。握爪拾取和放置姿态："拾取"为"CLOSE"，"放置"为"OPEN"，此处可默认。定义拾取和放置点："拾取"为APC_01中的"fr1"，"放置"为Work_Table_01中的"fr2"，单击"确定"按钮，退出对话框	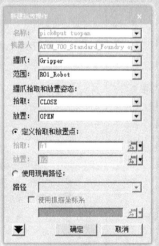
第 6 步 选中机器人，单击鼠标左键，在弹出的菜单中，单击"机器人属性"按钮	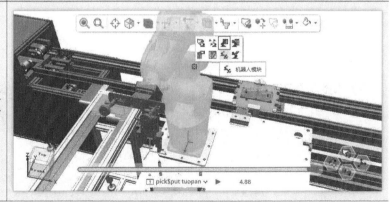

（续）

操作说明	效果图
第7步 在机器人属性对话框中，选中"设置"选项，单击"相对于"右边的方框，激活工具坐标系，在对象树中选择"TCP2"，把"TCP2"设置为当前的工具坐标，然后单击"关闭"按钮	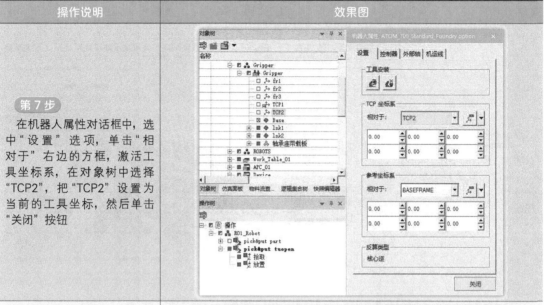
第8步 选中机器人，单击鼠标左键，在弹出的菜单中，单击"机器人调整"按钮	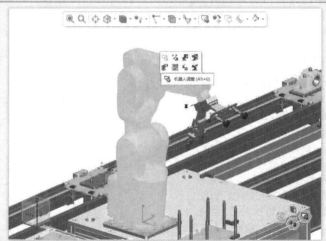
第9步 查看机器人的TCP是否已经切换到吸盘工具上	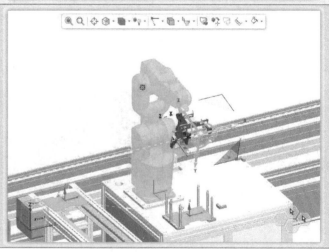

（续）

操作说明	效果图
第10步 选中"拾放操作"，在"操作"菜单栏中单击"添加当前位置"按钮	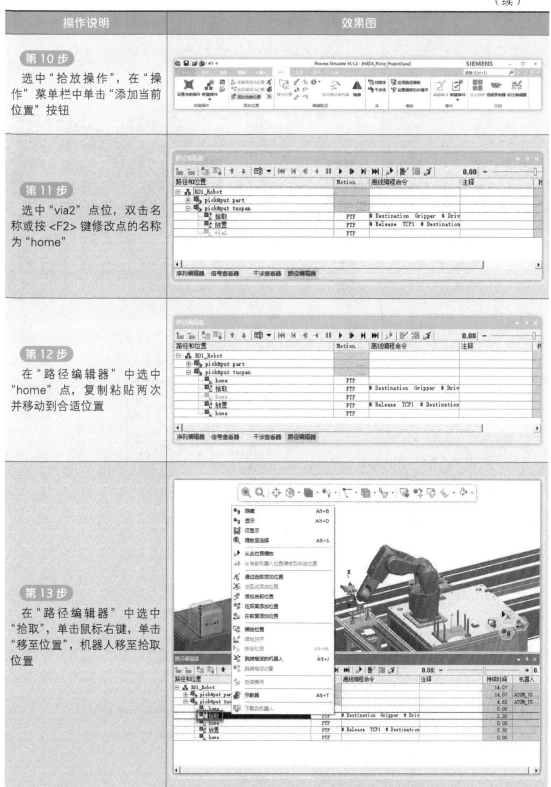
第11步 选中"via2"点位，双击名称或按 \<F2\> 键修改点的名称为"home"	
第12步 在"路径编辑器"中选中"home"点，复制粘贴两次并移动到合适位置	
第13步 在"路径编辑器"中选中"拾取"，单击鼠标右键，单击"移至位置"，机器人移至拾取位置	

（续）

操作说明	效果图
第14步 选中"拾取"，单击鼠标右键，单击"在后面添加位置"	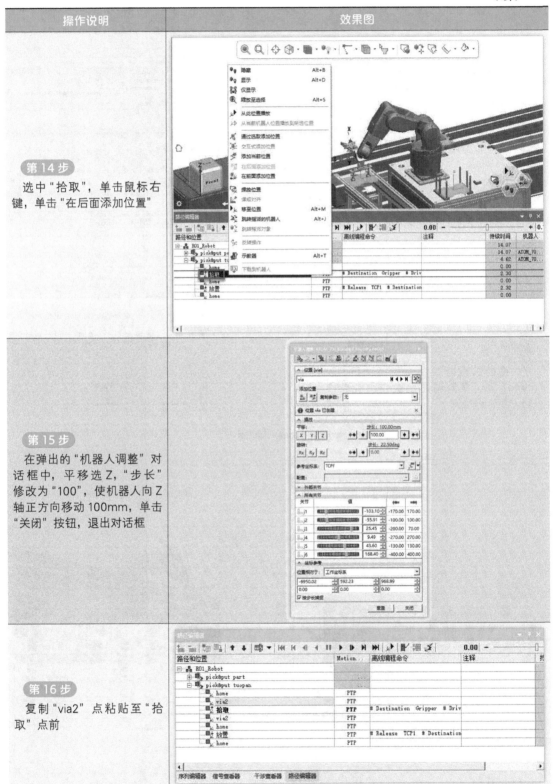
第15步 在弹出的"机器人调整"对话框中，平移选Z，"步长"修改为"100"，使机器人向Z轴正方向移动100mm，单击"关闭"按钮，退出对话框	
第16步 复制"via2"点粘贴至"拾取"点前	

（续）

操作说明	效果图
第17步 同步骤13~14操作，在"放置"点后创建"via3"点	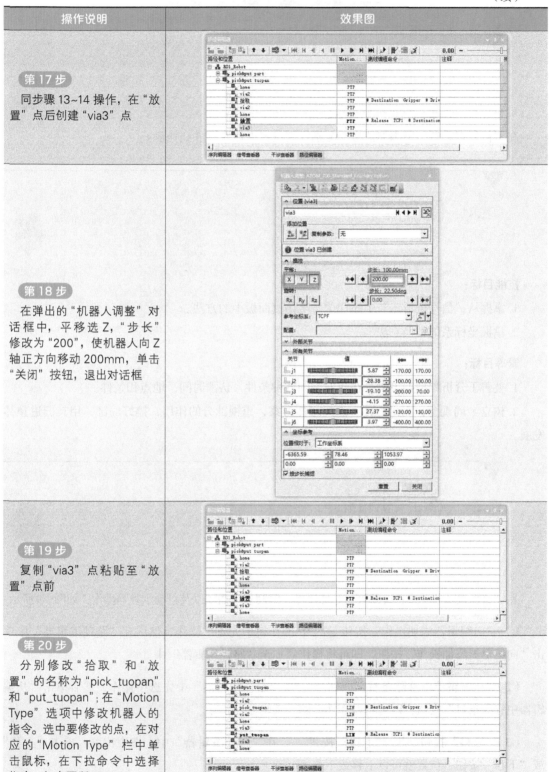
第18步 在弹出的"机器人调整"对话框中，平移选Z，"步长"修改为"200"，使机器人向Z轴正方向移动200mm，单击"关闭"按钮，退出对话框	
第19步 复制"via3"点粘贴至"放置"点前	
第20步 分别修改"拾取"和"放置"的名称为"pick_tuopan"和"put_tuopan"；在"Motion Type"选项中修改机器人的指令。选中要修改的点，在对应的"Motion Type"栏中单击鼠标，在下拉命令中选择指令，如右图所示	

任务 2　机器人运动调试

一、任务描述

在"信号查看器"中添加信号，分别控制机器人抓取零件和托盘。

二、任务目标

技能目标：

1.掌握从"信号查看器"中添加信号至仿真面板中的方法。

2.掌握坐标系的替换方法。

素养目标：

1.要善于分析和把握事物存在和发展的各种条件，认清时间、地点和条件。

2.树立全局观念，立足整体，选择最佳方案，重视部分的作用，搞好局部，用其促进整体发展。

三、知识储备

（一）"路径编辑器"工具栏

在"路径编辑器"中，可以进行添加操作、定制列、播放以及自动示教等操作，如图3-9所示。

（1）"向编辑器添加操作"按钮 在操作树中先选中操作，然后在"路径编辑器"中单击"向编辑器添加操作"按钮，即可将操作添加至"路径编辑器"中。

（2）"从编辑器中移除条目"按钮 在"路径编辑器"中先选中操作，然后单击"从编辑器中移除条目"按钮，即可将操作从"路径编辑器"移除。

（3）"上移"按钮 或"下移"按钮 在"路径编辑器"中，选中位置，单击"上移"或"下移"按钮，位置就可以上移或下移。

图3-9 "路径编辑器"对话框

（4）"定制列"按钮 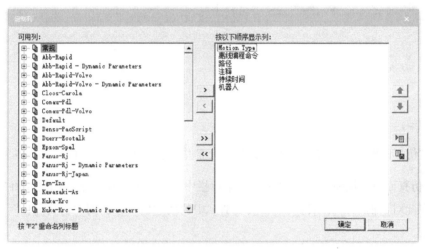 在"路径编辑器"中，单击"定制列"按钮，系统弹出如图 3-10 所示的"定制列"对话框。在此对话框中，用户可以添加或移除项，定制"路径编辑器"。

图3-10 "定制列"对话框

（二）"信号查看器"工具栏

在"信号查看器"中，用户可以进行新建信号、删除信号以及将信号导出 Excel 等操作。

（1）"新建信号"按钮 在"信号查看器"中，单击此按钮，系统弹出如图 3-11 所示的对话框。在此对话框中，可以添加关键信号、显示信号、资源输出信号和资源输入信号。

（2）"删除所选信号"按钮 在"信号查看器"中，选中信号列表中的信号，单击此按钮，即可将所选信号删除。

图3-11 "新建"信号对话框

（3）"导出 Excel"按钮 在"信号

查看器"中，单击此按钮，系统弹出如图 3-12 所示的对话框，用户可以将信号查看器中的信号以 Excel 文件的形式保存到所选位置。

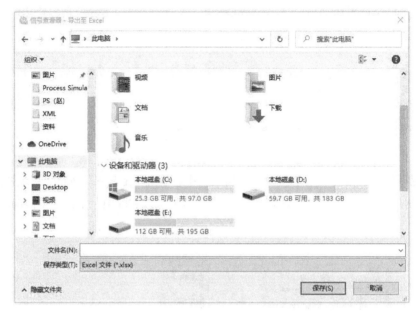

图3-12　"信号查看器-导出至Excel"对话框

（三）"仿真面板"工具栏

打开"仿真面板"，可以查看信号和逻辑块元素并与它们交互。可以同时打开多个仿真面板。

（1）"仿真面板"按钮　在"视图"菜单栏中，单击此按钮，系统弹出如图 3-13 所示的对话框。在此对话框中，可以将"信号查看器"中的任意信号添加到"仿真面板"中查看或修改信号的值。

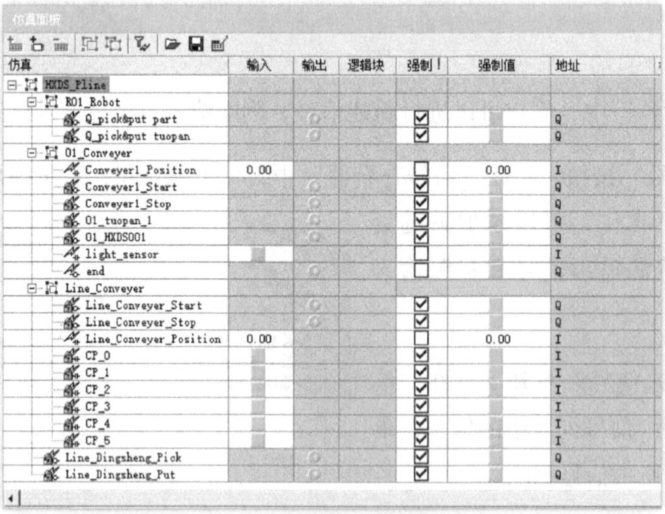

图3-13　"仿真面板"对话框

（2）"添加所选信号"按钮　　在"信号查看器"中，用户选中信号列表中的信号，返回"仿真面板"单击此按钮，即可将所选信号添加到"仿真面板"。

（3）"添加逻辑块"按钮　　在"仿真面板"对话框中，单击此按钮，系统弹出如图3-14所示的对话框，用户可以将创建好的逻辑块元素（如出口和参数）添加到"仿真面板"中。

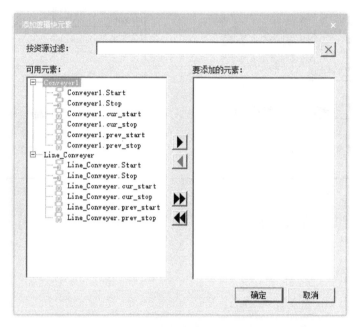

图3-14　"添加逻辑块元素"对话框

（4）"分组"按钮　　在"仿真面板"对话框中，用户选择信号、LB元素或其他组，单击此按钮，即可将它们嵌入新的组。选择需要取消分组的组，单击"取消分组"按钮　，即可将分组取消。

（5）"存储信号设置"按钮　　在"仿真面板"对话框中，单击此按钮即可将当前"仿真面板"的内容保存为spss文件，以备将来使用，如图3-15所示。

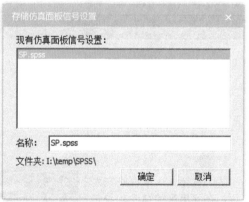

图3-15　"存储仿真面板信号设置"对话框

（6）"设置"按钮　　在"仿真面板"中，单击此按钮即可定义spss文件的存储位置，如图3-16所示。

（四）设置抓握对象列表

定义可被握爪抓握的对象列表。启用此列表时，握爪只能抓握列表中与之处于干涉状态的对象，如图3-17所示。

图3-16 仿真面板存储路径设置

图3-17 "设置抓握对象"对话框

四、任务实施

（一）工具坐标系的替换

工具坐标系替换的操作步骤见表3-4。

表3-4 工具坐标系替换的操作步骤

操作说明	效果图
第1步 选中机器人，单击鼠标左键，在弹出来的命令中单击"机器人属性"按钮	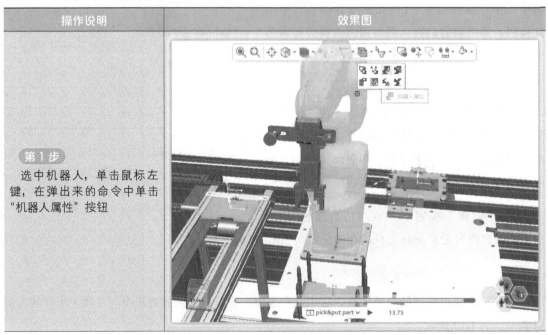

（续）

操作说明	效果图
第2步 在"机器人属性"对话框中选中"设置"选项，单击"相对于"右边的方框，激活工具坐标系，在对象树中选择"TCP1"，把"TCP1"设置为当前的工具坐标，单击"关闭"按钮，退出对话框	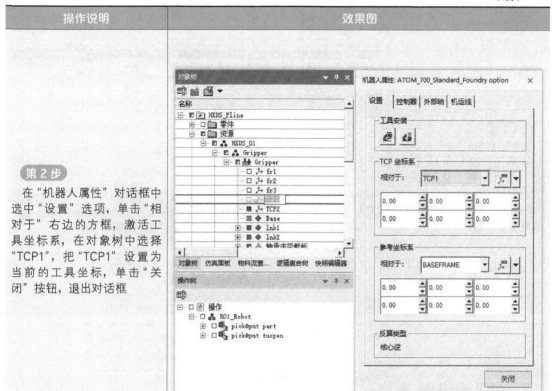
第3步 选中机器人，单击鼠标左键，在弹出来的命令中单击"机器人调整"按钮，此时工具坐标已经切换到"TCP1"的位置	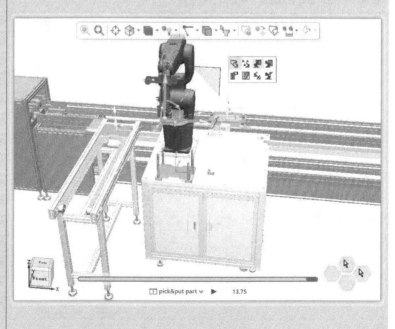

（续）

操作说明	效果图
第 4 步 选中"路径编辑器"对话框，选中路径"pick&put tuopan"，在搜索对话框中输入"tcp"，在出现的下拉命令中，选择"不在功能区上"→"按 TCP 偏置移动位置"	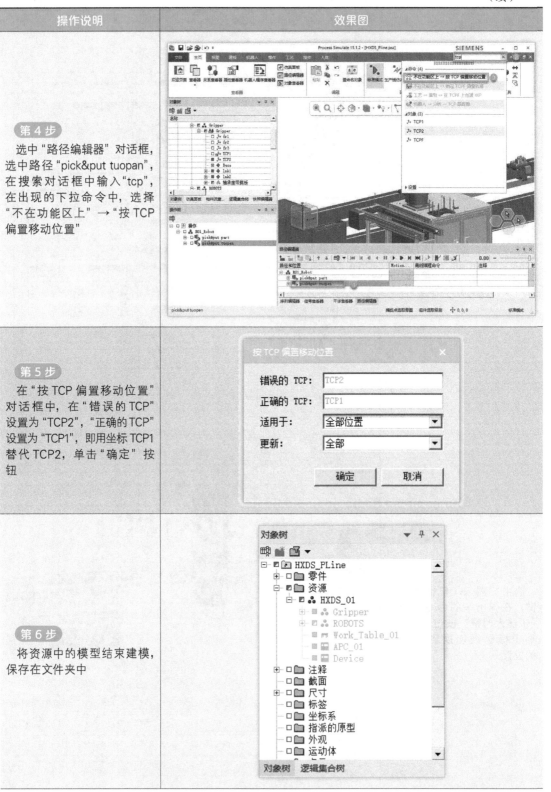
第 5 步 在"按 TCP 偏置移动位置"对话框中，在"错误的 TCP"设置为"TCP2"，"正确的 TCP"设置为"TCP1"，即用坐标 TCP1 替代 TCP2，单击"确定"按钮	
第 6 步 将资源中的模型结束建模，保存在文件夹中	

（续）

操作说明	效果图
第7步 在操作树中选中"R01_Robot"，在"操作"菜单栏中单击"设置当前操作"按钮	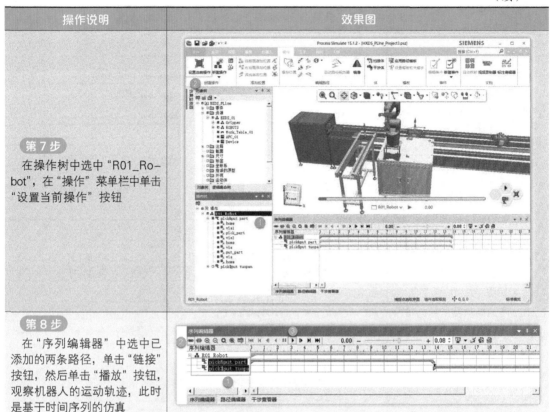
第8步 在"序列编辑器"中选中已添加的两条路径，单击"链接"按钮，然后单击"播放"按钮，观察机器人的运动轨迹，此时是基于时间序列的仿真	

（二）基于时间序列的仿真调试

基于时间序列的仿真调试的操作步骤见表3-5。

表3-5　基于时间序列的仿真调试的操作步骤

操作说明	效果图
第1步 在操作树中选中复合操作"R01_Robot"，在"操作"菜单栏中单击"新建操作"→"新建非仿真操作"，新建两个非仿真操作	

（续）

操作说明	效果图
第2步 在弹出的"新建非仿真操作"对话框中，"名称"修改为"Q_pick&put part"和"Q_pick&put tuopan"	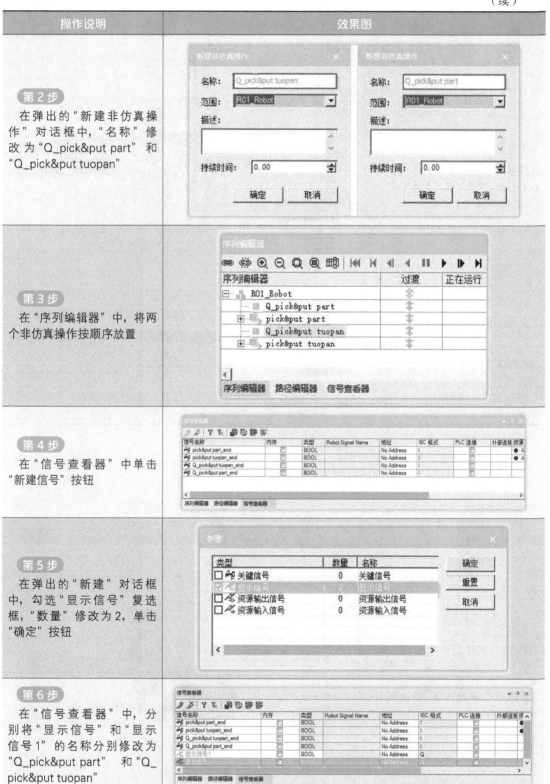
第3步 在"序列编辑器"中，将两个非仿真操作按顺序放置	
第4步 在"信号查看器"中单击"新建信号"按钮	
第5步 在弹出的"新建"对话框中，勾选"显示信号"复选框，"数量"修改为2，单击"确定"按钮	
第6步 在"信号查看器"中，分别将"显示信号"和"显示信号1"的名称分别修改为"Q_pick&put part"和"Q_pick&put tuopan"	

（续）

操作说明	效果图
第7步 在"序列编辑器"中选中如右图所示的操作，单击"断开链接"按钮	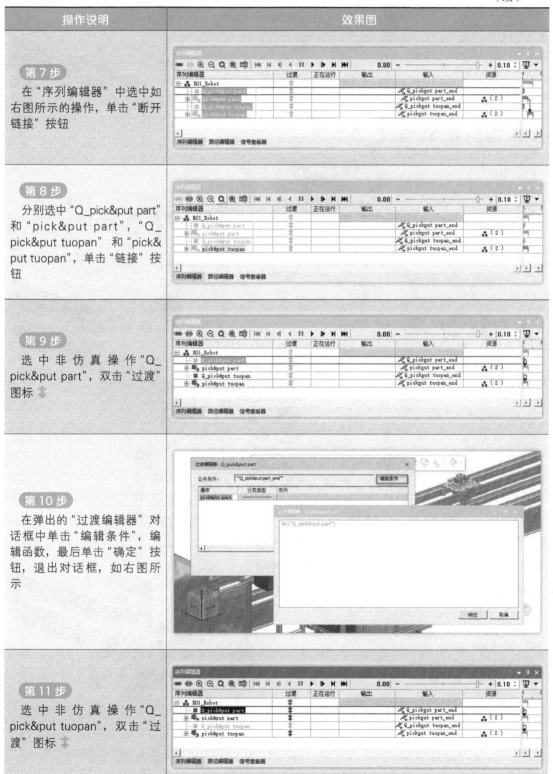
第8步 分别选中"Q_pick&put part"和"pick&put part"，"Q_pick&put tuopan"和"pick&put tuopan"，单击"链接"按钮	
第9步 选中非仿真操作"Q_pick&put part"，双击"过渡"图标	
第10步 在弹出的"过渡编辑器"对话框中单击"编辑条件"，编辑函数，最后单击"确定"按钮，退出对话框，如右图所示	
第11步 选中非仿真操作"Q_pick&put tuopan"，双击"过渡"图标	

（续）

操作说明	效果图
第 12 步 在弹出的"过渡编辑器"对话框中单击"编辑条件"，编辑函数，最后单击"确定"按钮，退出对话框，如右图所示	
第 13 步 在"主页"菜单栏中单击"生产线仿真模式"，在弹出的"切换仿真模式"对话框中，单击"是"	
第 14 步 在"仿真面板"中选中组"HXDS_Pline"，在"信号查看器"中，选中信号"Q_pick&put part"和"Q_pick&puttuopan"，单击"添加信号到查看器"按钮，将信号添加到面板中	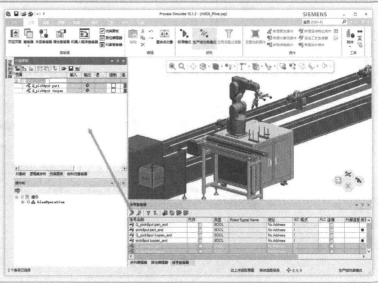

（续）

操作说明	效果图
第15步 在"仿真面板"中选中信号"Q_pick&put part"和"Q_pick&put tuopan"，单击"分组"按钮，修改名称为"R01_Robot"	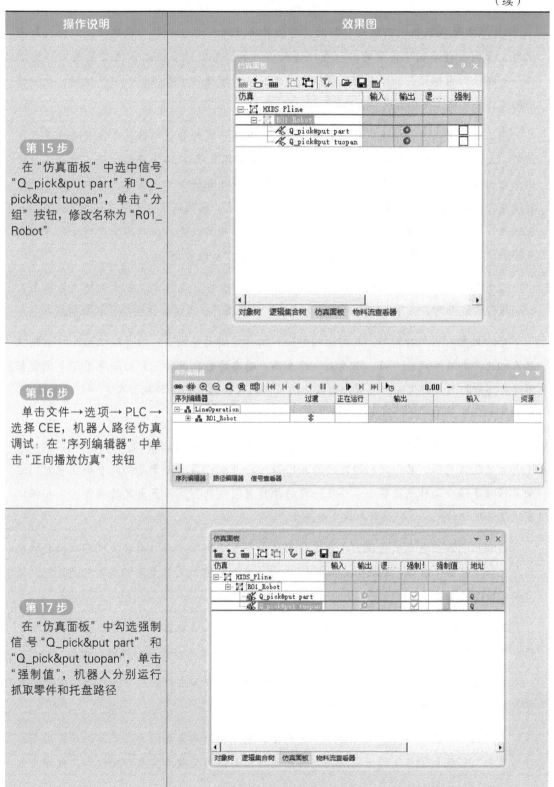
第16步 单击文件→选项→PLC→选择 CEE，机器人路径仿真调试：在"序列编辑器"中单击"正向播放仿真"按钮	
第17步 在"仿真面板"中勾选强制信号"Q_pick&put part"和"Q_pick&put tuopan"，单击"强制值"，机器人分别运行抓取零件和托盘路径	

时代先锋——刘海涛的混联加工机器人研究之路

（1）"高性能混联加工机器人"助力智能装备升级　看过电影《摩登时代》的人都还记得，喜剧大师卓别林饰演的工人查理每天唯一的任务就是在流水线上重复着同样的工作——扭紧六角螺母。如今在现代智能制造工厂，查理这种重复性强、学习性弱、危险性高的工作已经被工业机器人取代。

用工业机器人替代机床实现高柔性、低成本加工正成为智能制造装备技术的重要发展趋势。天津大学机械工程学院机械系刘海涛教授项目团队经过20多年的研发，首创了一种由2自由度平面机构、集成铰链和6自由度支链构成的混联加工机器人，打破了国外的专利壁垒，在航空航天、轨道交通、船舶制造等领域具有广阔的应用前景。"高性能混联加工机器人"技术成果已获得天津市技术发明一等奖。该项目还先后授权国家发明专利33件、美国和欧洲专利各1件，登记软件著作权9件，发表学术论文59篇。

（2）混联机器人是高性能制造急需的核心装备　如今，在汽车、电子和物流等各个工业领域经常能看到多关节机械手或多自由度的机器装置替代人工，这些都是工业机器人。

串联机器人出现时间早，具有运动灵活、工作空间大等优点。而并联机器人与串联机器人相比，具有承载能力强、刚度大、精度高、动态特性优等特点。刘海涛用了个比喻来解释：串联机器人就像一个手臂，由各个关节串联在一起；而并联机器人是一个闭环结构，就像把两只手握在一起，由两条手臂共同完成一件事。

串联和并联机器人虽然各有优势，但也都有其劣势。串联机器人是"孤掌难鸣"，一条手臂负载能力有限，其刚度和精度具有局限性。而并联机器人由于是两只手握在一起，运动灵活性下降，工作范围变小。要在一定的操作空间内拥有灵活多角度的操作，又要保证高速高精度的特性，混联机器人便应运而生。

混联机器人目前已成为机器人加工技术的一个重要发展方向。由混联机器人构成的机器人化加工装备（后称"混联加工机器人"）也是我国航空航天等重点领域实现高性能制造急需的核心装备。

2000年初，刘海涛所在的课题组便开始投入对混联加工机器人的研究，当时我国尚未建立起这类机器人系统完整的研发体系，既无成熟产品，更无在高端领域的应用。

市场上，西班牙龙信和瑞典艾克斯康公司生产的混联加工机器人是世界上独有的两款商业化的产品，通过专利壁垒长期独霸国际市场。

应用国外产品价格高，而且整个系统包括工艺流程等都是封闭的，除了维护费用高以外，未来工艺改革等都受到一定限制。因此这种局面亟待突破，需要研发、生产我国自主可控的混联加工机器人。

（3）混联加工机器人研发生产难度大　然而混联加工机器人并不是串联和并联机器人的"1＋1＝2"，其研发和产业化难度非常大。最大的难点就是混联加工机器人的构型，也就是骨架的设计，包括铰链的类型、数量及其空间布置形式等。实现同样运动的构型浩如烟海，就好比人和鱼的骨架虽然不同，但都能在水里游。这么多构型最终只有极少数具有工程实用价值，结构是否简单、受力是否合理、可否低成本制造以及是否便于灵活布局等都是技术难点。此外，作为一个闭环结构，由于混联加工机器人是多轴联动的，因此如何实现高精度运动也是一个难点。

"构型虽然有理论方法，但是设计出来的骨架大多数都不适用，没有规律可循，需要有一定的灵感。"刘海涛说，"我们也不是天才，灵感其实也是来源于工程实践中。"

刘海涛项目组通过四代工程样机的迭代开发，最终首创了一种由2自由度平面机构、集成铰链和6自由度支链构成的混联加工机器人。同时，通过将机器人学、机床动力学、数字样机技术的有机结合，提出了主参数关联设计和层次化设计策略，发明了尺度-结构-驱动器集成设计新方法，突破了混联加工机器人动态设计核心技术，保证了机器人兼具优良的运动灵活性、静刚度和动态特性。

产品不可能一直处于理想状态，在零部件的加工和装配过程中，都会产生误差，进而影响精度。因此控制和补偿技术也十分重要，可以通过这项技术调控装备的精度，从而保证机器人末端的高精度运作。

为了提高机器人的静、动态精度，该项目组将机器人学、结构动力学和大数据分析有机结合，突破了高速高精度5轴联动控制、位姿误差综合补偿、平滑与运动平稳轨迹规划、高效精准视觉定位等一系列核心关键技术。

从应用的角度看，不同的工艺有不同的需求，都需要和装备相适应。刘海涛举例说，铣削加工有很多工艺参数，包括刀具、进给速度和主轴的转速等，而打磨、焊接、抛光等应用也都有各自的工艺要求。

"只有把理论和最后应用需要形成一套完整的体系才能实现产业化，"刘海涛说。该项目组不仅解决了混联加工机器人机构创新、设计理论、精度调控中的难题，还突破了加工工艺中的关键环节，打通了从自主设计到工程应用的全链条。混联加工机器人可搭建各类适用于铣削、制孔、焊接、抛磨、装配等作业的单机和多机制造系统。

（4）解决我国重大工程中的制造难题　目前，刘海涛项目组开发的以混联加工机器人为核心的全向移动铣削、光学元件超精密抛光、空间型线搅拌摩擦焊接和汽车模具抛磨等系列新型工艺装备率先实现了在航空航天、新能源和汽车制造等领域的工程应用，解决了一批我国重大工程中的制造难题。

传统的机械加工都使用机床，技术成熟且加工精度高，因此航天领域中很多重要的工件都是由机床加工而成的。然而随着航天制造领域需要加工的工件尺寸越来越大，如航天舱、火箭燃料贮箱等，使用机床完成局部加工就有些"力不从心"了。

占地大、造价高，同时还要保证高精度，对机床加工技术的要求越来越高，而且工件上下机床过程复杂，导致加工周期长。使用混联加工机器人可以实现原位加工，工件不动，机器人可以灵活"游走"，还能多机同时进行操作，大大提高了生产效率。同时，混联加工机器人还可以与测量、传感技术集成，真正体现了制造业的"智慧"。

项目4

传送带的构建

本项目介绍通过 Process Simulate 软件创建传送带，启动信号生成零件和托盘，使零件在传送带上运动，机器人能够进行抓取和放置动作。

任务 1　输送产品传送带的构建

一、任务描述

本任务介绍通过 Process Simulate 软件创建输送产品的传送带。

二、任务目标

技能目标：

1. 掌握编辑概念机运线的方法。

2. 掌握定义组件类型的方法。

3. 掌握在对象树中添加操作的方法并使其运行。

素养目标：

1. 要用综合的思维方式来认识事物，统筹考虑，优化组合，形成完整的认识。

2. 坚持发展的观点看问题。前途是光明的，道路是曲折的，坚持做好量变的准备，促进事物的质变，反对用静止的观点看问题。

三、知识储备

"控件"菜单栏包含"资源""传感器""机运线""映射""调试"和"机器人"等多种工具栏，如图4-1所示。

图4-1 "控件"菜单栏

（一）"机运线"工具栏

（1）"定义机运线"按钮 单击此按钮，将组件定义为沿3D曲线输送滑橇的概念机运线，适用于仿真空中小车。

（2）"定义概念机运线"按钮 单击此按钮，系统弹出如图4-2所示的对话框，修改所选机运线的设置。该机运线必须打开以便建模，更改机运线的名称、曲线和运动参数。

图4-2 "定义概念机运线"对话框

（3）"定义为概念滑橇"按钮 单击此按钮，将资源定义为滑橇。概念滑橇通常为沿机运线移动的料箱。

（4）"编辑概念滑橇"按钮 单击此按钮，修改滑橇的机运坐标系和载有要机运的零件的实体列表。

（5）"定义可机运零件"按钮 单击此按钮，系统弹出如图4-3所示的对话框，将所选零件定义为沿正常（非概念）机运线输送的零件。

（6）"编辑机运线逻辑块"按钮 单击此按钮，系统弹出如图 4-4 所示的对话框，确定所选机运线的逻辑行为，如启动和停止。

图4-3 "定义可机运零件"对话框　　　　　图4-4 "机运线操作"对话框

（7）"驱动机运线"按钮 单击此按钮，系统弹出如图 4-5 所示的对话框，用于沿机运线调整滑橇 / 零件。单击"重置"按钮，以便滑动机运线后恢复至初始位置。

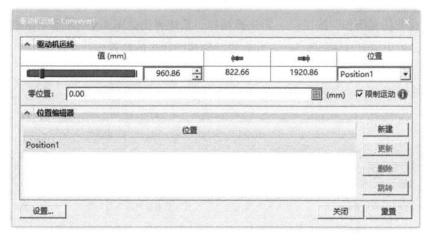

图4-5 "驱动机运线"对话框

（8）"定义为角度概念机运线"按钮 单击此按钮，可将组件定义为角度概念机运线。

（9）"定义为线性概念机运线"按钮 单击此按钮，可将组件定义为线性概念机运线。

（二）"创建操作"工具栏

（1）"设置当前操作"按钮 先在操作树中选中操作，然后单击此按钮，可将所选操作指定为当前操作。当前操作是要进行仿真的操作。

（2）"新建操作"按钮 单击下拉列表，系统弹出如图 4-6 所示的对话框，可以进行新建复合操作、新建非仿真操作等。

1）"新建复合操作"按钮：单击此按钮，系统弹出如图 4-7 所示的对话框，创建复合操作。复合操作是一系列操作，可以包含不同的操作类型，如对象流、设备和复合等。

图4-6 "新建操作"对话框

2）"新建非仿真操作"按钮：单击此按钮，系统弹出如图 4-8 所示的对话框。非仿真操作是空操作，用于标记时间间隔或标记将在以后创建的操作的位置。

图4-7 "新建复合操作"对话框

图4-8 "新建非仿真操作"对话框

3）"新建对象流操作"按钮：单击此按钮，系统弹出如图 4-9 所示的对话框，创建对象流操作，以沿路径移动对象。

4）"新建设备操作"按钮：单击此按钮，系统弹出如图 4-10 所示的对话框，创建设备操作，以便将设备从一个姿态移动到另一个姿态。

5）"新建拾放操作"按钮：单击此按钮，系统弹出如图 4-11 所示的对话框，用于将对象从一个地方移动到另一个地方。

6）"新建通用机器人操作"按钮：单击此按钮，系统弹出如图 4-12 所示的对话框，可创建一般用途的机器人操作。

图4-9 "新建对象流操作"对话框

图4-10 "新建设备操作"对话框

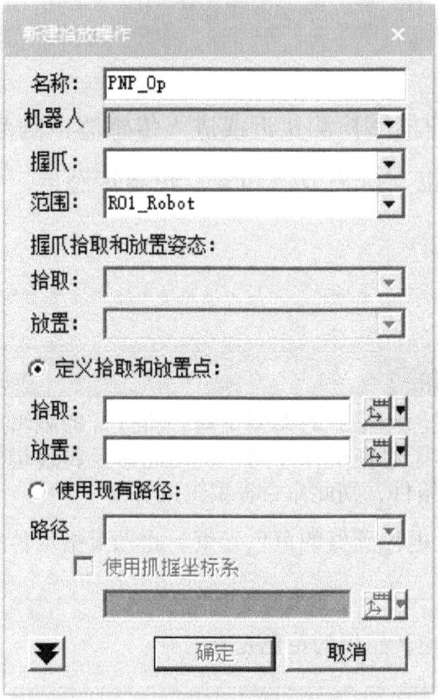

图4-11 "新建拾放操作"对话框

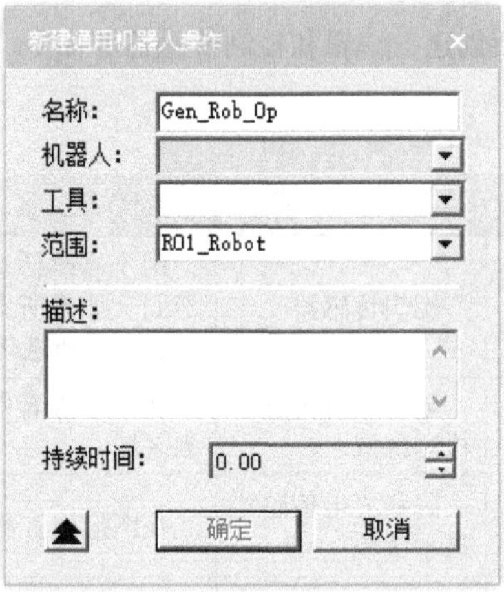

图4-12 "新建通用机器人操作"对话框

7）"新建握爪操作"按钮 ：单击此按钮，系统弹出如图 4-13 所示的对话框，可创建握爪设备操作，用于抓握和释放。

8）"新建焊接操作"按钮 ：单击此按钮，系统弹出如图 4-14 所示的对话框，可创建焊接操作，以移动安装有焊枪或工件的机器人。焊接操作由焊接位置操作组成。

（3）"操作属性"按钮 单击此按钮，用户可以查看和修改操作的属性。

（4）"添加操作至路径编辑器"按钮 单击此按钮，用户可以将所选操作添加到路径编辑器。

图4-13 "新建握爪操作"对话框

图4-14 "新建焊接操作"对话框

（三）"传感器"工具栏

过程仿真也支持光（光电）和接近传感器，用户能够检测接近或进入传感器检测范围的3D可视化部件和资源，并可用于零件检测。过程模拟也支持关节值和关节距离传感器。传感器工具栏包括创建、编辑和控制传感器等命令，见表4-1。

表4-1 传感器工具栏

按钮	选项	描　　述
	编辑传感器	用于修改传感器的设置。传感器的类型不同，所打开的编辑对话框也不同。如果所选传感器位于建模工作空间中，则此命令将编辑传感器原型；如果所选传感器是库组件，则此命令将编辑该实例
	显示光电传感器检测区域	在图形查看器中显示光电传感器的黄色光束。此光束指示传感器的检测区域
	隐藏光电传感器显示区域	在图形查看器中隐藏光电传感器的黄色光束
	激活传感器	包括仿真期间所选传感器功能
	停用传感器	排除仿真期间所选传感器的功能。当传感器停用时，其信号保持处于不干涉值
	创建属性投影器	用于在仿真期间将预定义属性指派给出现在其范围内的对象。属性随后可供属性传感器使用。属性包括：热、体积和条码等。投影器及其范围的指示将显示在图形查看器中
	编辑属性投影器	更改所选属性投影器的名称、对象列表、范围或已用属性的列表。属性投影器在仿真期间将预定义属性指派给其范围内的对象
	编辑零件仿真属性列表	编辑属性并将其添加到项目属性列表，这些属性与属性传感器和属性投影器一起使用

（1）"创建关节距离传感器"按钮 单击此按钮，系统弹出"创建关节距离传感器"对话框，如图4-15所示，可为设备的关节创建传感器，以获取所选关节的在线反馈。

（2）"创建关节值传感器"按钮 单击此按钮，系统弹出"创建关节值传感器"对话框，如图4-16、表4-2所示，可为设备或机器人创建传感器，将其检测范围与姿态或关节值关联。创建关节值传感器时，系统会自动创建传感器信号，且与传感器同名。

图4-15 "创建关节距离传感器"对话框

图4-16 "创建关节值传感器"对话框

表4-2 "创建关节值传感器"对话框的说明

按钮	功能	描　　述
⊥	脉冲	当关节值与传感器值相同时，传感器发出信号
⊓	范围	如果关节值在传感器配置的起点和终点值之间，则传感器发出信号
⌐	步进起点	如果关节值等于或高于传感器配置的起始值，则传感器发出信号
⌐	步进终点	如果关节值等于或低于传感器配置的终点值，则传感器发出信号

（3）"创建接近传感器"按钮 单击此按钮，系统弹出"创建接近传感器"对话框，如图4-17所示。创建传感器，使其在对象进入与给定资源对象相距指定距离的范围内时激活。接近传感器仅以事例形式存在，没有原型。传感器本身不会显示在图形查看器中，也不会影响其资源对象的外观。

（4）"创建光电传感器"按钮 单击此按钮，系统弹出"创建光电传感器"对话框，如图4-18所示。创建光电传感器，使其在对象穿过由传感器"发射"的指定光束的路径时进行检测。配置光束尺寸以确定对象检测区域的长度和宽度。传感器在图形查看器中显示为透镜和黄色检测光束。

（5）"创建属性传感器"按钮 单击此按钮，系统弹出"创建传感器"对话框，如图4-19所示，可在仿真期间检测包含某些特征属性的对象。

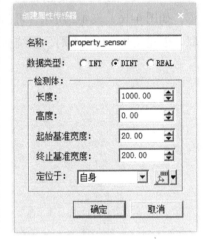

图4-17 "创建接近传感器"对话框　图4-18 "创建光电传感器"对话框　图4-19 "创建属性传感器"对话框

（四）"资源"工具栏

结构化控制语言（SCL）是可编程逻辑控制器（PLC）的 IEC 61131-3 标准所支持的一种高级文本编程语言。Tecnomatix SCL 对 Siemens TIA Portal 版本的 SCL 进行了修改。主要的区别在于，在 Tecnomatix Process Simulation SCL 编辑器中，在编写代码之后，无需编译即可实时执行它，用户能够在功能级别上模拟硬件，这对于用虚拟孪生硬件替换硬件的虚拟调试特别有用。

（1）"创建逻辑资源"按钮 单击此按钮，可编辑资源的 SCL 脚本，如图 4-20 所示。

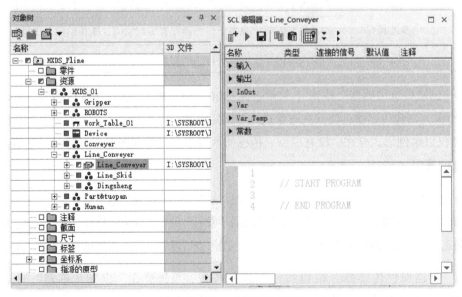

图4-20 "SCL编辑器"对话框

（2）"编辑逻辑资源"按钮 单击此按钮，可更改现有智能组件（SC）或逻辑块（LB）的逻辑。用户可以更改入口和出口的名称，但不能更改参数、常数或操作，如图4-21所示。

图4-21 编辑逻辑资源

（3）"创建逻辑资源"按钮 单击此按钮，可创建新的逻辑资源。撰写If条件、值表达式和/或延迟退出部分的表达式。表达式可以由入口、常数、参数和函数组成，如图4-22所示。

图4-22 创建逻辑资源

（4）"连接信号"按钮 🖇 单击此按钮，根据用户定义的规则，将信号连接至逻辑块的入口 / 出口，如图 4-23 所示。逻辑资源相应的工具按钮见表 4-3。

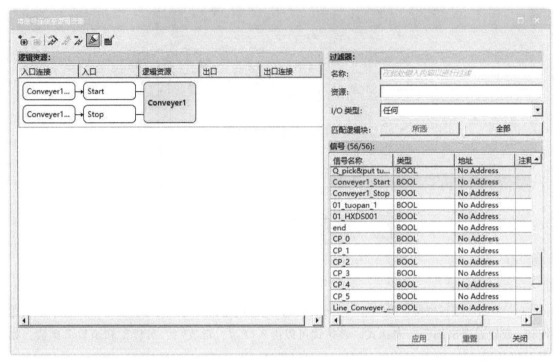

图4-23　连接信号

表 4-3　逻辑资源相应的工具按钮

按钮	功能	描　　　述
	添加逻辑块到资源	用于将逻辑行为添加到资源
	从资源删除逻辑块	从资源删除逻辑行为
	复制逻辑块逻辑	将所选资源的逻辑行为复制到其他资源
	创建逻辑块姿态操作和传感器	用于具有运动学资源创建智能组件的向导。智能组件将通过相关内部操作和信号连接来创建
	导出逻辑块至 Excel	使用所选逻辑资源的逻辑资源数据创建 Excel 文件
	替换和连接设备	将现有设备替换为新设备，以维持原始设备的功能和操作行为

（五）输送产品传送带CEE模式调试的操作步骤

输送产品传送带 CEE 模式调试的操作步骤见表 4-4。

表 4-4 输送产品传送带 CEE 模式调试的操作步骤

操作说明	效果图
第1步 选择"主页"菜单栏单击"研究"工具栏中的"生产线仿真模式",在弹出的"切换研究模式"对话框中,单击"是"按钮	
第2步 将"信号查看器"中的信号添加到"仿真面板"中,并分组、修改名称,对输出地址勾选"强制",操作设置如右图所示	
第3步 在"序列编辑器"中单击"正向播放仿真",在"仿真面板"中强制信号"01_tuopan_1",滑橇放在传送带起点,强制信号"01_HXDS001"零件放在滑橇上,强制信号"Conveyer1_Start"滑橇和零件随着传送带输送到终点,同时检测到信号"light_sensor"	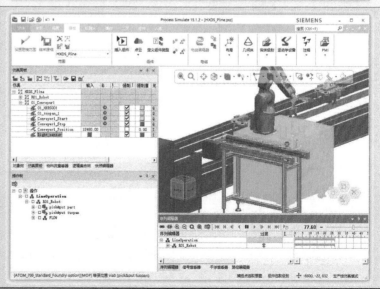

四、任务实施

（一）构建输送产品传送带

构建输送产品传送带的操作步骤见表4-5。

表4-5 构建输送产品传送带的操作步骤

操作说明	效果图
第1步 选中对象树中"资源"列表下"HXDS_01"，在"建模"菜单栏中单击"创建复合资源"按钮	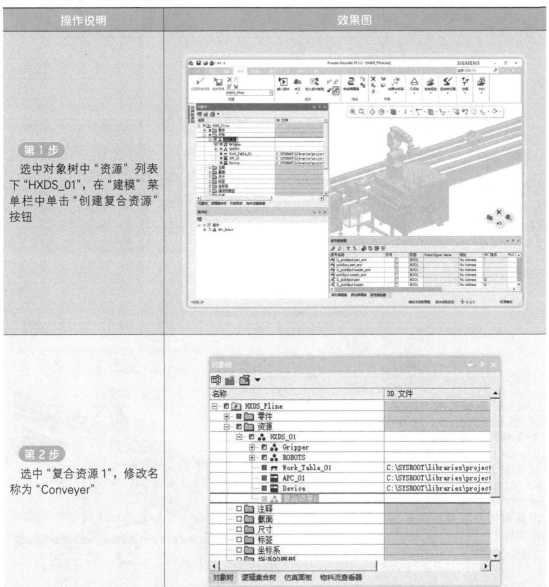
第2步 选中"复合资源1"，修改名称为"Conveyer"	

（续）

操作说明	效果图
第3步 选中对象树中"Conveyer"，在"建模"菜单栏中单击"新建资源"按钮。在"新建资源"对话框中"节点类型"选择"Conveyer"，单击"确定"按钮	
第4步 在对象树中选中资源"APC_01"，在"建模"菜单栏中单击"设置建模范围"	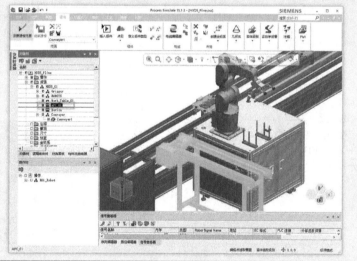
第5步 标准模式下，在对象树中，复制"APC_01"下的"窄皮带1"到"Conveyer1"中，并隐藏"APC_01"下的"窄皮带1"；选中零件中的"Product_01"，单击建模菜单栏，单击新建零件，节点类型选择"PartPrototype"，单击"确定"。并将PartPrototype改为"tuopan_1"。剪切"Conveyer1"中的"WX-XT-J001"到"tuopan_1"中	

（续）

操作说明	效果图
第 6 步 如图所示；结束建模，存放路径	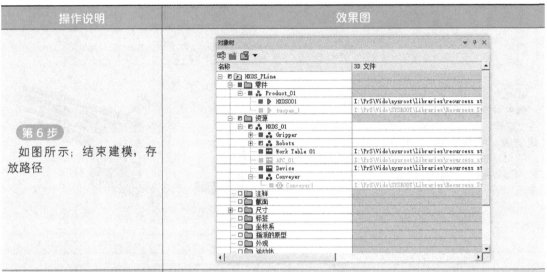
第 7 步 在对象树中选中零件 "HXDS001" 和 "tuopan_1"，分别单击 "设置建模范围"	
第 8 步 选中对象树中的资源 "tuo-pan_1" 和零件 "HXDS001"，单击 "图形查看器" 工具条中 "放置操控器" 按钮，向 Y 轴负方向平移 −960mm，单击 "关闭" 按钮	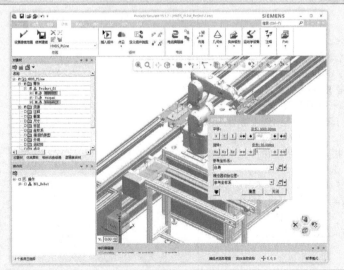

（续）

操作说明	效果图
第9步 隐藏零件"Product_01"，方便操作；选中资源"Conveyer"，单击"设置建模范围"	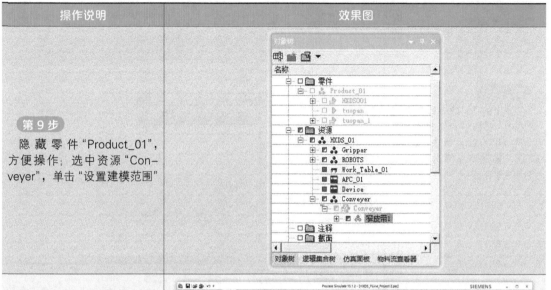
第10步 选中对象树中的"Conveyer1"，选择菜单栏"建模"，在"布局"工具栏中单击"创建坐标系"→"在2点之间创建坐标系"按钮，在输送产品传送带的表面，首末两端创建两个坐标系"fr1"和"fr2"	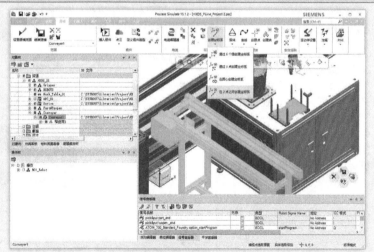
第11步 选中对象树中的"Conveyer1"，选择菜单栏"建模"，在"几何体"工具栏中单击"曲线"→"创建多段线"按钮	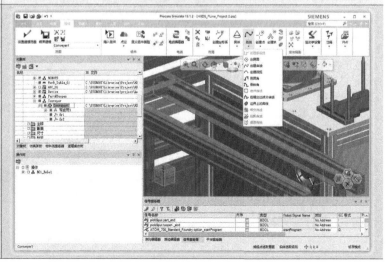

（续）

操作说明	效果图
第12步 在弹出的"创建多段线"对话框中，多段线点选择坐标系"fr1"和"fr2"，单击"确定"按钮，输送产品传送带起点、终点创建完成	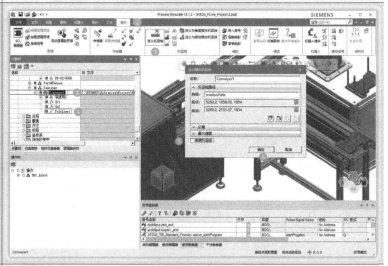
第13步 选中对象树中的"Conveyer1"，选择菜单栏"控件"，在"机运线"工具栏中单击"定义机运线"按钮，在弹出的"定义概念机运线"对话框中，"曲线"单击对象树中的"Polyline1"，取消勾选"滑橇机运线"，单击"确定"按钮	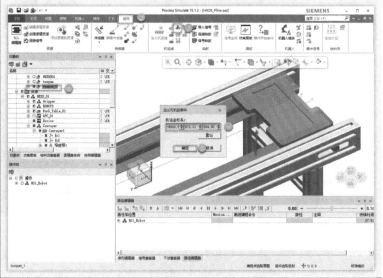
第14步 显示并设置建模零件"tuopan_1"，选择菜单栏"控件"，在"机运线"工具栏中单击"定义可机运零件"按钮，在弹出的"定义可机运零件"对话框中，将"机运坐标系"Y轴的值增加"80"，使坐标系移至滑橇一侧。单击"确定"按钮	

（续）

操作说明	效果图
第15步 选中对象树中的"Convey-er1"，选择菜单栏"控件"，单击"驱动机运线"按钮，在弹出的"驱动机运线"对话框中，拖动滚轴，滑橇可在机运线上滑动	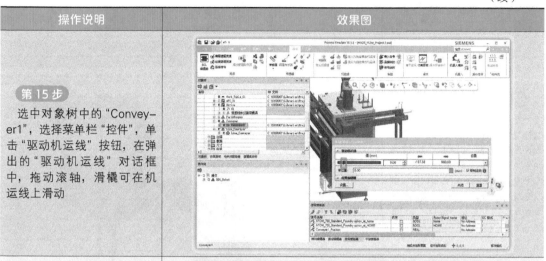
第16步 选中对象树中的"Convey-er1"，选择菜单栏"控件"，单击"编辑机运线逻辑块"，在弹出的"机运线操作"对话框中勾选"开始"和"停止"，单击"确定"按钮	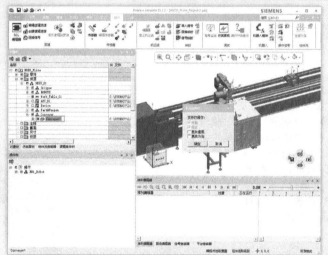
第17步 在弹出的"资源逻辑行为编辑器"对话框中，单击"入口"，选中"Start"和"Stop"这两个信号，单击"创建信号"，单击"Output"，单击"应用"按钮，单击"确定"按钮	

（续）

操作说明	效果图
第18步 在操作树中选中复合操作"R01_Robot"，选择"操作"菜单栏，单击"新建操作"→"新建复合操作"，在弹出的"新建复合操作"对话框中，将"名称"修改为"FLOW"，单击"确定"按钮	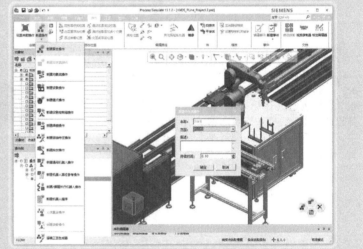
第19步 在操作树中选中复合操作"FLOW"，选择"操作"菜单栏，在"创建操作"工具栏中单击"新建操作"→"新建非仿真操作"，在弹出的"新建非仿真操作"对话框中，"名称"修改为"Start"，单击"确定"按钮	
第20步 在操作树中选中复合操作"FLOW"，选择"操作"菜单栏，在"创建操作"工具栏中单击"新建操作"→"新建非仿真操作"按钮，在弹出的"新建非仿真操作"对话框中，"名称"修改为"tuopan_1"，单击"确定"按钮	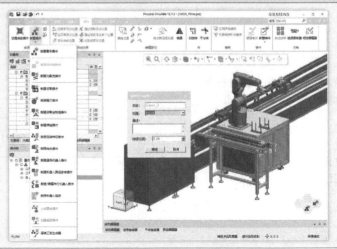

（续）

操作说明	效果图
第21步 在操作树中选中复合操作"FLOW"，选择"操作"菜单栏，在"创建操作"工具栏中单击"新建操作"→"新建对象流操作"，在弹出的"新建对象流操作"对话框中，"名称"修改为"HXDS001"，"对象"选择零件"HXDS001"，单击"确定"按钮	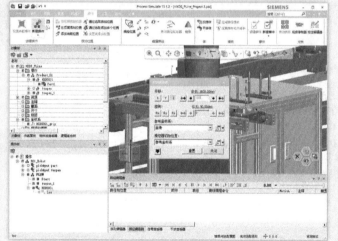
第22步 在操作树中选中"loc"，选择"操作"菜单栏，在"添加位置"工具栏中单击"在前面添加位置"按钮，在弹出的"放置操控器"对话框中，向Z轴正方向平移100mm，单击"关闭"按钮	
第23步 在操作树中选中复合操作"FLOW"，选择"操作"菜单栏，在"创建操作"工具栏中单击"新建操作"→"新建非仿真操作"按钮，在弹出的"新建非仿真操作"对话框中，"名称"修改为"End"，单击"确定"按钮	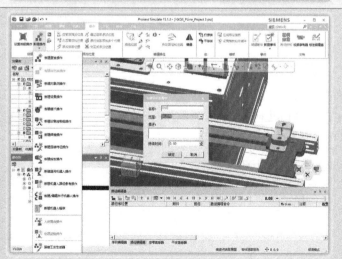

（续）

操作说明	效果图
第 24 步 在操作树中选中"tuopan_1"，单击鼠标右键，选择"操作属性"，在弹出的"属性"对话框中，单击"产品"，在"产品实例"中选择零件"tuopan_1"，单击"确定"按钮	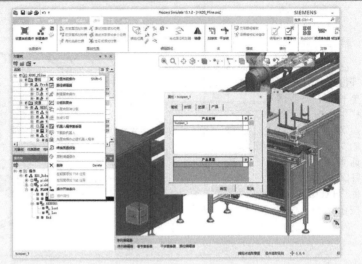
第 25 步 在操作树中选中复合操作"R01_Robot"，选择"操作"菜单栏，在"创建操作"工具栏中单击"设置当前操作"，在"序列编辑器"中，此复合操作设置为当前操作	
第 26 步 按照右图所示进行链接操作。"Start"分别链接"tuopan_1"和"HXDS001"；"End"分别链接"tuopan_1"和"HXDS001"	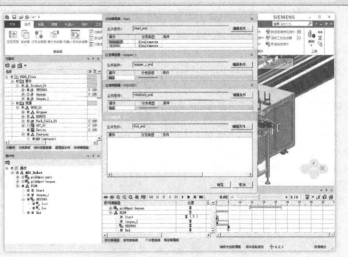

（续）

操作说明	效果图
第27步 在"信号查看器"中单击"新建"信号，在弹出的"新建"对话框中，新建两个资源输出信号，"数量"修改为"2"，"名称"分别修改为"01_tuo-pan_1"和"01_HXDS001"，单击"确定"按钮	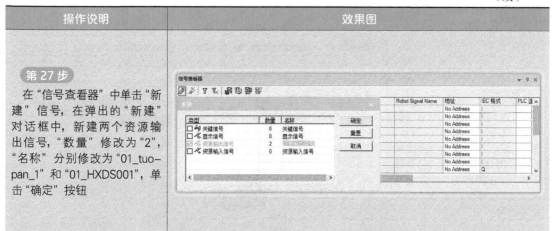
第28步 在"信号查看器"中单击"新建"信号，在弹出的"新建"对话框中，新建一个显示信号，"数量"修改为"1"，"名称"修改为"end"，单击"确定"按钮	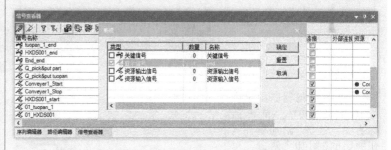
第29步 在"序列编辑器"中选中操作"Start"，双击"过渡"图标 🔀，在弹出的"过渡编辑器"对话框中，修改参数如右图所示，单击"确定"按钮	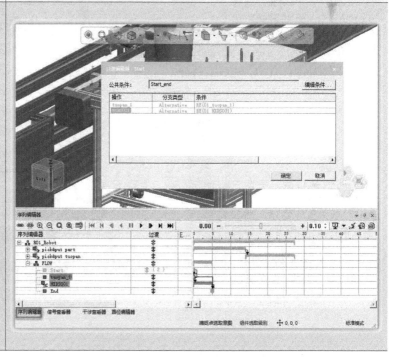

（续）

操作说明	效果图
第30步 在"序列编辑器"中选中操作"HXDS001"，双击"过渡"图标 ↕；在弹出的"过渡编辑器"对话框中，单击"编辑条件"；在弹出的"过渡编辑器"对话框中，添加"end"显示信号	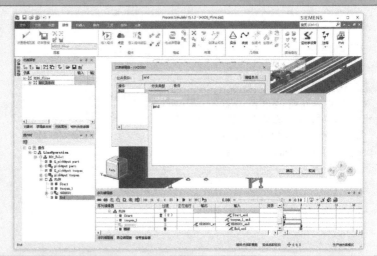
第31步 在"序列编辑器"中选中操作"HXDS001"，单击鼠标右键，选择"附加事件"，在弹出的"附加个对象"对话框中，"对象"选择零件"HXDS001"，"到对象"选择"tuopan_1"，"开始时间"选择"任务结束前"，单击"确定"按钮	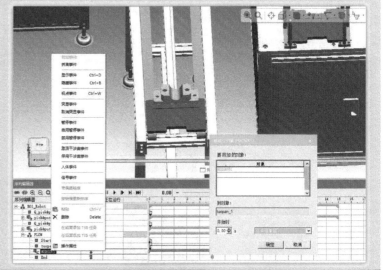
第32步 在"序列编辑器"中选中通用机器人操作"pick&put part"，单击鼠标右键，选择"拆离事件"，在弹出的"拆离个对象"对话框中，"要拆离的对象"选择"HXDS001"，"开始时间"选择"任务开始后"，单击"确定"按钮	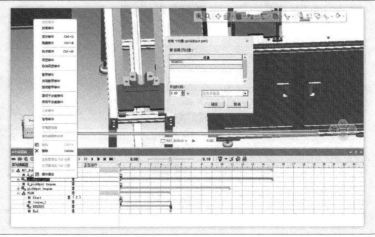

（续）

操作说明	效果图
第33步 选择菜单栏"主页"，单击"生产线仿真模式"，在弹出的"切换研究模式"对话框中，单击"是"按钮	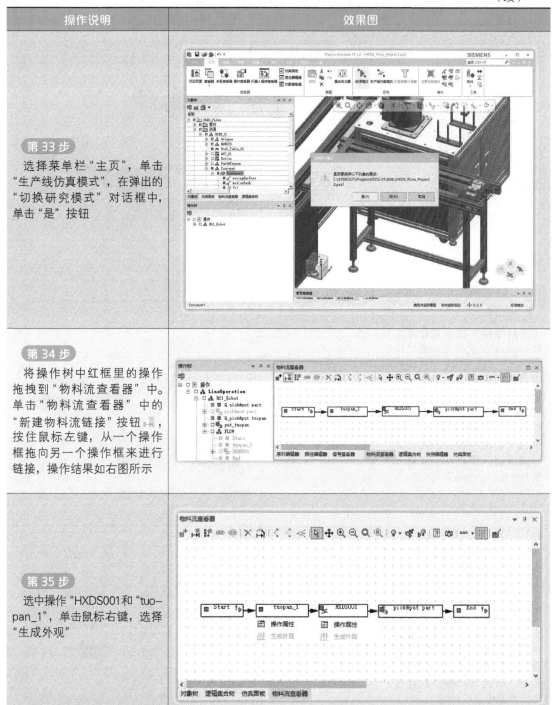
第34步 将操作树中红框里的操作拖拽到"物料流查看器"中。单击"物料流查看器"中的"新建物料流链接"按钮，按住鼠标左键，从一个操作框拖向另一个操作框来进行链接，操作结果如右图所示	
第35步 选中操作"HXDS001和"tuopan_1"，单击鼠标右键，选择"生成外观"	

（二）创建传送带传感器

在传送带上创建传感器的操作步骤见表4-6。

表4-6　在传送带上创建传感器的操作步骤

操作说明	效果图
第1步 选择菜单栏"主页"，在"研究"工具栏中单击"标准模式"，在弹出的"切换研究模式"对话框中，单击"是"按钮	
第2步 在对象树中选中复合资源"Conveyer"，选择菜单栏"控件"，在"传感器"工具栏中单击"传感器"→"创建光电传感器"按钮，在弹出的"创建光电传感器"对话框中，设置参数如右图所示，单击"确定"按钮，在"信号查看器"中自动生成输入信号"light_sensor"	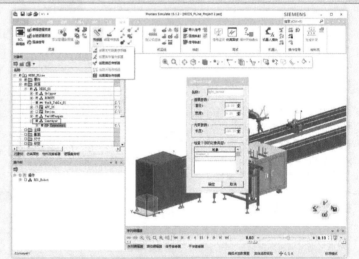
第3步 在对象树中选中复合资源"light_sensor"，单击图形查看器工具条中"放置操控器"按钮，将光电传感器放置在输送产品传送带终点	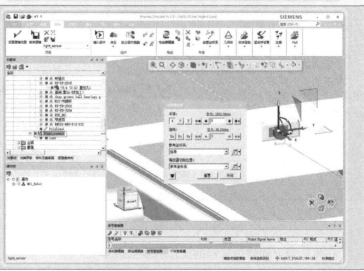

（续）

操作说明	效果图
第4步 选中光电传感器"light_sensor"，在"建模"菜单栏中单击"结束建模"，保存路径	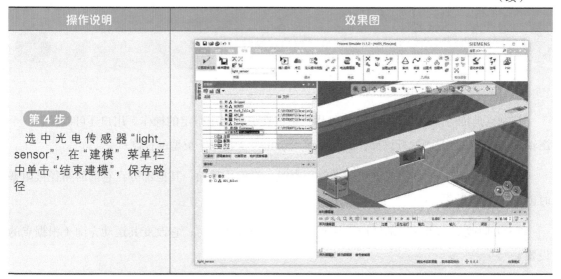

任务 2　输送产品传送带 CEE 模式的调试

一、任务描述

本任务介绍通过 Process Simulate 软件构建装配产线传送带，使滑橇能够在传送带上运动。

二、任务目标

技能目标：

1. 掌握机运线的构建方法。

2. 掌握软件的使用方法。

素养目标：

1. 承认因果联系的普遍性和客观性是人们正确认识事物、进行科学研究的前提。

2. 正确把握事物的因果联系才能提高人们实践活动的自觉性和预见性。

3. 唯物辩证法告诉我们：内因是变化的根本，外因是变化的条件，外因必须通过内因起作用，任何事物的发展都是内外因共同作用的结果。

三、知识储备

添加传送带控制点

控制点是传送带曲线上的一些点，用户可以在那里调用指定的操作。用户还可以设置一个逻辑表达式来决定是否执行该操作。Process Simulate 支持以下类型的控制点：

1）停止：当一个部件或滑块到达停止点时，它停止移动。其他部分在它们的路径被阻塞时创建一个堆栈。

2）方向改变：当一个部件或滑块到达一个方向改变点时，它改变其运动方向（根据点的设置）。

3）变速：当一个部件或滑块到达一个变速点时，它的速度改变（直到它到达下一个变速点）。

添加传送带控制点的操作步骤如下：

1）在"定义概念机运线"对话框中，单击"控制点"按钮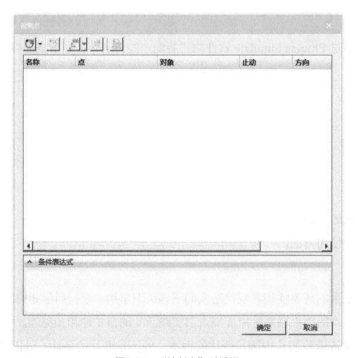，系统弹出"控制点"对话框，如图 4-24 所示。

图4-24 "控制点"对话框

2）单击"创建控制点"按钮 中的箭头，以查看控制点选项，如图 4-25 所示。

① 创建控制点：在传送带上选定的点上创建一个新的控制点。

② 创建"生成滑橇外观"控制点：用户可以在传送带上的选定点生成滑橇外观控制点。需要选择一个滑块资源作为要生成的所有外观的原型。

③ 创建"破坏滑橇外观"控制点：用户可以在传送带选定的点上生成一个滑块删除控制点。该控制点用来删除指定滑块资源的所有滑块外观。

3）在传送带上单击要添加创建控制点的一个点。创建的控制点显示为一个橙色的球体，如图 4-26 所示。

图4-25 "控制点"对话框 　　　　　　　　　图4-26 创建的控制点

滑橇体可以从控制点偏移，添加生成滑橇外观对象。在"条件表达式"中添加信号或表达式，激活条件即可在控制点 CP_0 处产生滑橇外观，如图 4-27 所示。

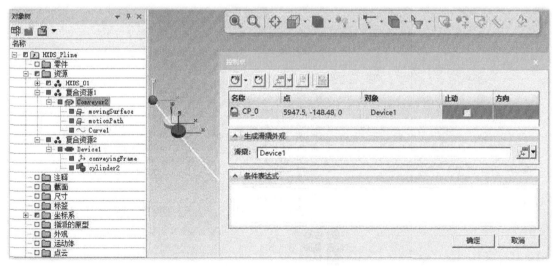

图4-27 生成滑橇外观"控制点"对话框

四、任务实施

构建装配产线传送带的操作步骤见表 4-7。

表 4-7　构建装配产线传送带的操作步骤

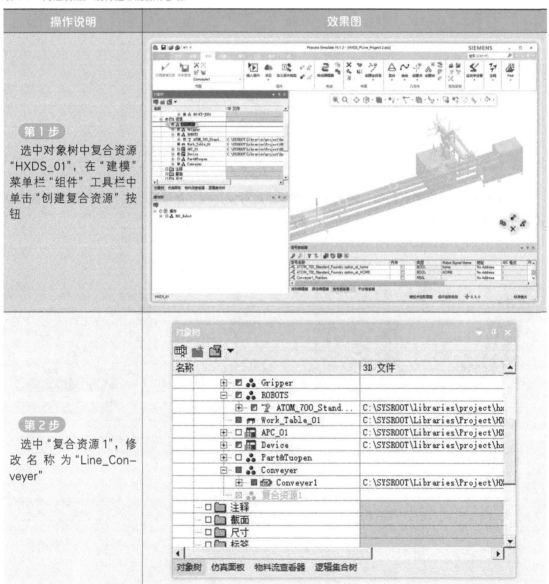

操作说明	效果图
第 1 步 选中对象树中复合资源"HXDS_01"，在"建模"菜单栏"组件"工具栏中单击"创建复合资源"按钮	
第 2 步 选中"复合资源1"，修改名称为"Line_Conveyer"	

（续）

操作说明	效果图
第3步 选中对象树中"Line_Conveyer"，在"建模"菜单栏"组件"工具栏中单击"新建资源"按钮，在"新建资源"对话框中"节点类型"选择"Conveyer"，单击"确定"按钮，修改新建的资源名称为"Line_Conveyer"	
第4步 复制对象树中"Device"下的"倍速线体总装带载具"到"Line_Conveyer"中，并隐藏Device中的"倍速线体总装带载具"	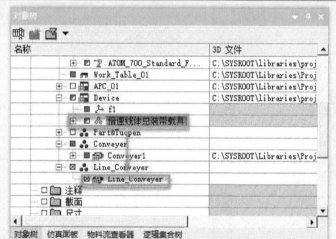
第5步 选中资源"Line_Conveyer"，在"建模"菜单中，单击"结束建模"，保存路径	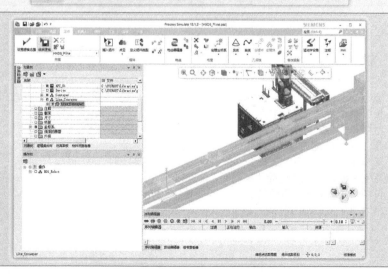

（续）

操作说明	效果图
第6步 选中对象树中复合资源 "Line_Conveyer"，选择菜单栏"建模"，在"组件"工具栏中单击"创建复合资源"按钮	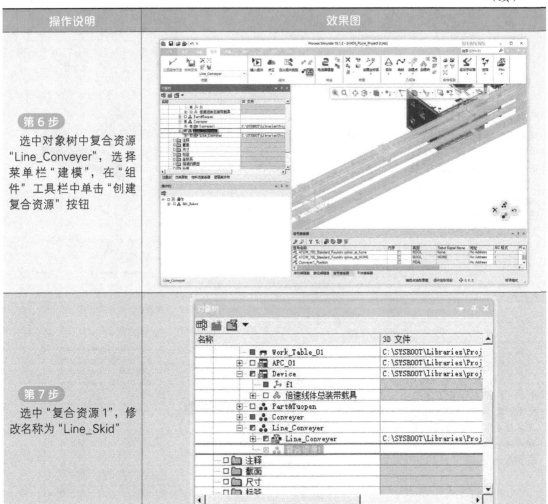
第7步 选中"复合资源1"，修改名称为"Line_Skid"	
第8步 选中对象树中复合资源 "Line_Skid"，在"建模"菜单栏"组件"工具栏中单击"新建资源"按钮，在"新建资源"对话框中"节点类型"选择 "Device"，单击"确定"按钮，修改新建的资源名称为"Line_Skid01"	

（续）

操作说明	效果图
第9步 "Line_Conveyer" 设置建模范围，在对象树中，将复合资源"Line_Conveyer"下的第一个托盘"WX-GZ-G000"剪切到资源"Line_Skid01"	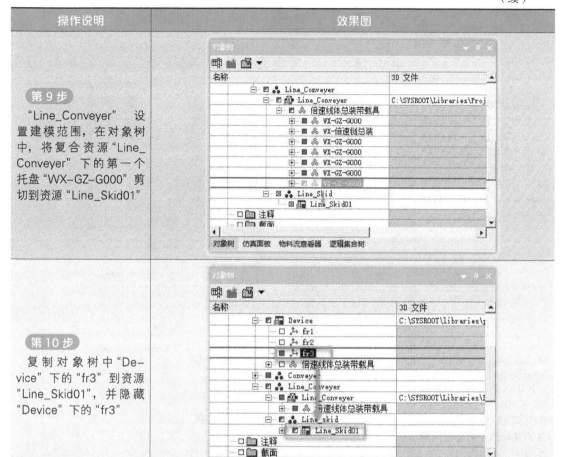
第10步 复制对象树中"Device"下的"fr3"到资源"Line_Skid01"，并隐藏"Device"下的"fr3"	
第11步 选中对象树中资源"Line_Skid01"，在"建模"菜单栏"范围"工具栏中单击"设置自身坐标系"按钮，在弹出的"设置自身坐标系"对话框中，"到坐标系"选择"fr3"，单击"应用"按钮，单击"关闭"按钮	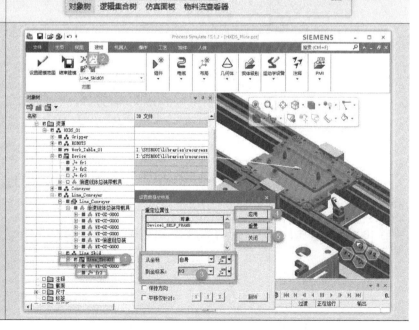

（续）

操作说明	效果图
第 12 步 选中对象树中资源"Line_Skid01"，选择菜单栏"建模"，在"布局"工具栏中单击"创建坐标系"→"在 2 点之间创建坐标系"按钮，在滑橇底部创建坐标系"fr1"	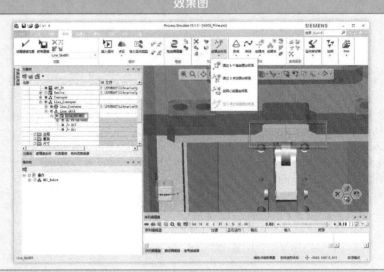
第 13 步 选中对象树中复合资源"Line_Skid"，复制并粘贴5 个滑橇"Line_Skid01"，并将其修改名称如右图所示	
第 14 步 选中对象树中的资源"Line_Skid02"～"Line_Skid06"，单击图形查看器工具条中的"放置操控器"按钮，向 X 轴正方向平移 1600mm，单击"关闭"按钮	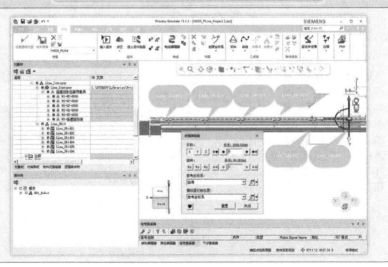

（续）

操作说明	效果图
第15步 选中对象树中的复合资源"Line_Conveyer"，隐藏列表下的5个"WX-GZ-G000"	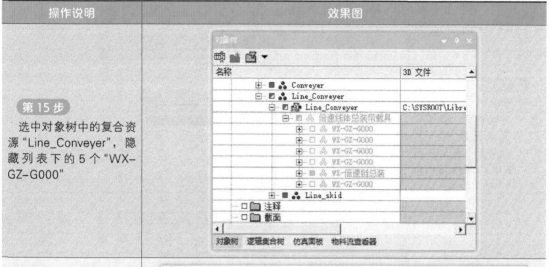
第16步 选中对象树中的资源"Line_Conveyer"，选择菜单栏"建模"，在"布局"工具栏中单击"创建坐标系"→"在2点之间创建坐标系"按钮，在装配产线传送带首末两端创建两个坐标系"fr1"和"fr2"	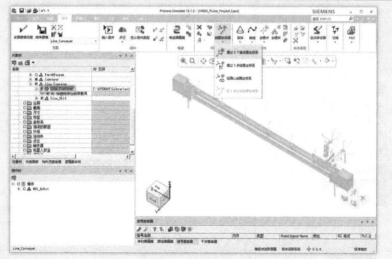
第17步 选中对象树中资源"Line_Conveyer"，选择菜单栏"建模"，在"几何体"工具栏中单击"曲线"→"创建多段线"按钮	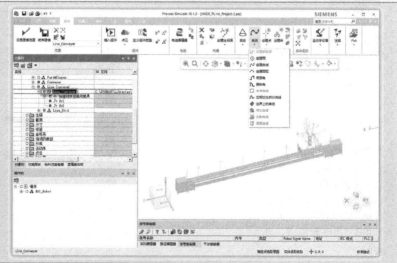

（续）

操作说明	效果图
第18步 在弹出的"创建多段线"对话框中，多段线点选择坐标系"fr1"和"fr2"，单击"确定"按钮，装配产线传送带起点、终点创建完成	**创建多段线** 名称： Polyline1 多段线点 | No	X	Y	Z	
---	---	---	---	---
1	4492.	2468.	1808.	
	14992	2468.	1808		 ☐ 封闭多段线 确定　　取消
第19步 选中对象树中的资源"Line_Conveyer"，选择菜单栏"控件"，在"机运线"工具栏中单击"定义机运线"按钮，在弹出的"定义概念机运线"对话框中，"曲线"单击对象树中"Polyline1"，勾选"滑橇机运线"，单击"确定"按钮	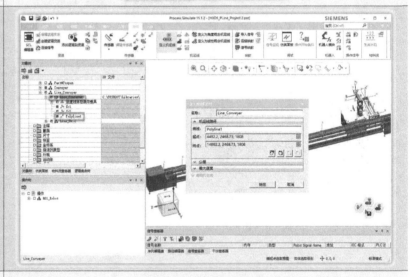
第20步 选中对象树中的资源"Line_Skid01"，选择菜单栏"控件"，在"机运线"工具栏中单击"定义为概念滑橇"按钮，在弹出的"定义滑橇"对话框中，"机运坐标系"修改为"150.00, 0.00, −25.00"，"对象附加到的曲面实体"选择"Line_Skid01"下的"WX-GZ-G000"，单击"确定"按钮；定义资源"Line_Skid02"～"Line_Skid06"为概念滑橇，方法同上	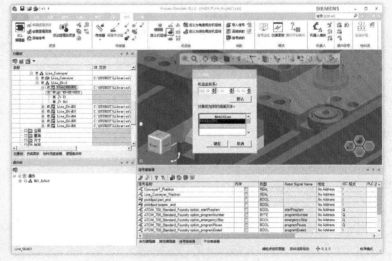

（续）

操作说明	效果图
第 21 步 选中对象树中的"Line_Conveyer"，选择菜单栏"控件"，单击"驱动机运线"按钮，在弹出的"驱动机运线"对话框中，拖动滚轴，滑橇可在机运线上滑动	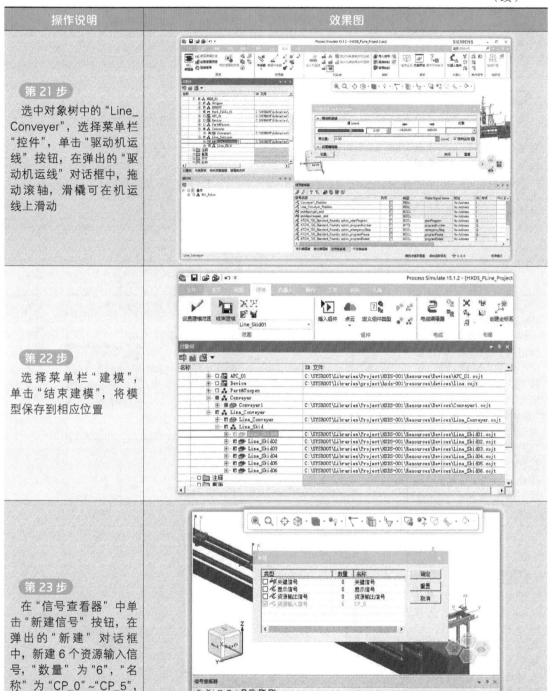
第 22 步 选择菜单栏"建模"，单击"结束建模"，将模型保存到相应位置	
第 23 步 在"信号查看器"中单击"新建信号"按钮，在弹出的"新建"对话框中，新建 6 个资源输入信号，"数量"为"6"，"名称"为"CP_0"~"CP_5"，单击"确定"按钮	

（续）

操作说明	效果图
第 24 步 选中对象树中的资源"Line_Conveyer"，选择菜单栏"控件"，在"机运线"工具栏中单击"编辑概念机运线"按钮，在弹出的"定义概念机运线"对话框中，单击"控制点"按钮	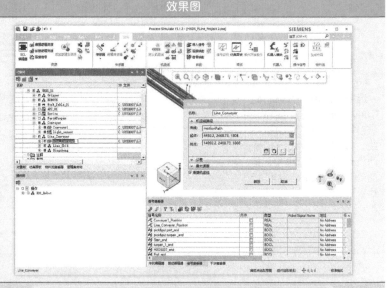
第 25 步 创建 6 个控制点。在弹出的"控制点"对话框中，单击"创建控制点"按钮，选中滑橇"Line_Skid01"中坐标系"fr1"，"条件表达式"输入信号查看器中资源输入信号"CP_0"，勾选"止动"，控制点"CP_1"~"CP_5"操作方法同上，单击"确定"按钮	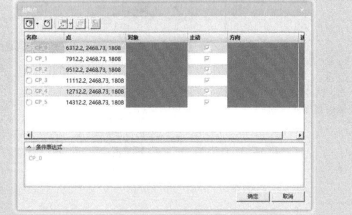
第 26 步 选中对象树中的资源"Line_Conveyer"，选择菜单栏"控件"，在"机运线"工具栏中单击"编辑机运线逻辑块"按钮，在弹出的"机运线操作"对话框中，勾选"开始"和"停止"，单击"确定"按钮	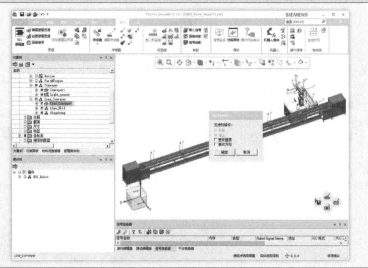

（续）

操作说明	效果图
第 27 步 在弹出的"资源逻辑行为编辑器"对话框中，单击"入口"，选中"Start"和"Stop"这两个信号，单击"创建信号"，单击"Output"，单击"应用"按钮，单击"确定"按钮	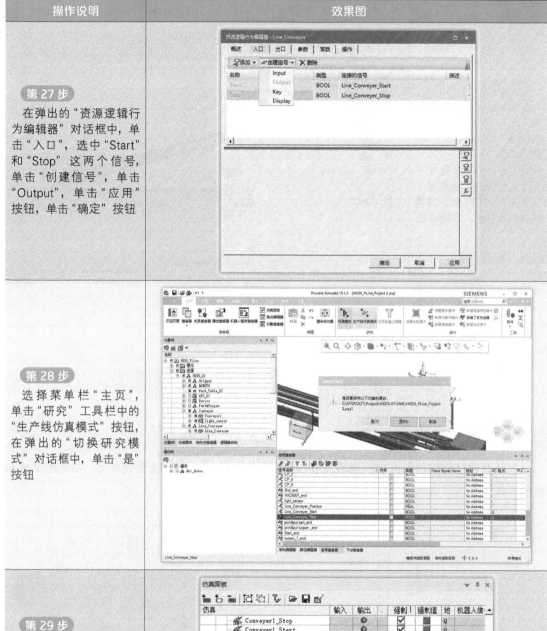
第 28 步 选择菜单栏"主页"，单击"研究"工具栏中的"生产线仿真模式"按钮，在弹出的"切换研究模式"对话框中，单击"是"按钮	
第 29 步 将"信号查看器"中的信号添加到"仿真面板"中，并分组、修改名称，对输入、输出地址勾选"强制"，操作设置如右图所示	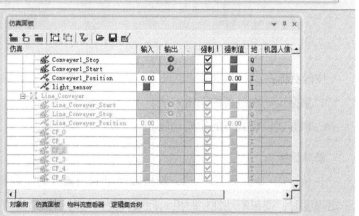

（续）

操作说明	效果图
第30步 在"序列编辑器"中单击"正向播放仿真"按钮，在"仿真面板"中，强制信号"Line_Conveyer_Start"，滑橇向下一个工位传送，启动信号"CP_0"～"CP_5"，滑橇在强制点停止，等待装配	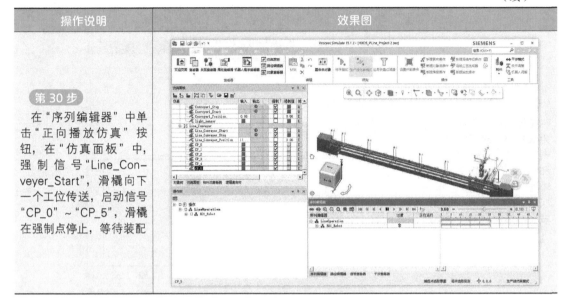

任务3 顶升机构构建

一、任务描述

本任务通过创建顶升机构的运动关节，使顶升机构能够抓取滑橇至最高点，待装配完成后开始下降。

二、任务目标

技能目标：

1. 掌握运动学设备的编辑方法。

2. 掌握建模模式下的建模功能。

素养目标：

1. 从一点一滴的小事做起，积极做好量的积累，为实现事物的质变创造条件；在量变达到一定程度时，要果断地抓住时机，促成质变，同时把握适度原则。

2.要用一分为二的观点和全面的观点看问题，在对立中把握统一，在统一中看到对立。

3.矛盾即对立统一。对立是矛盾双方相互排斥、相互对立的属性，统一是矛盾双方相互吸引、相互连接的属性和趋势。矛盾双方相互依赖，相互贯通，并在一定条件下相互转化。

三、知识储备

"注释"工具栏

1.注释

（1）"切换注释可见性"按钮 　单击此按钮，可在三角形标志和矩形文本注释之间切换所选注释的显示模式。

（2）"创建注释"按钮 　单击此按钮，系统弹出如图4-28所示的对话框，创建注释，为新注释选择名称、文本和外观。

（3）"编辑注释"按钮 　单击此按钮，可更改所选注释的名称、文本和外观。

（4）"对象注释"按钮 　单击此按钮，可为对象创建注释，使其文本为对象名称。如果预先选择了对象，则为该对象创建注释。如果未选择任何对象而执行此命令，则光标变为对象选取模式，在"图形查看器"中每选取一个对象即为其创建注释。要想退出此模式，再次选择"对象注释"或使用 <Esc> 键。

图4-28　"注释编辑器"对话框

（5）"更新对象注释"按钮 　单击此按钮，可更新使用"对象注释"创建的注释。这在更改了对象名称时非常有用。

（6）"位置注释"按钮 　单击此按钮，可为对象创建注释，使其文本为对象名称。如果预先选择了对象，则为该对象创建注释。如果未选择任何对象而执行此命令，则光标变为对象选取模式，在"图形查看器"中每选取一个对象即为其创建注释。要想退出此模式，再次选择"位置注释"或使用 <Esc> 键。

（7）"自动注释标志放置"按钮 　单击此按钮，在"图形查看器"中重定位注释文本，以避免文本框相互重叠。如果未选择任何注释，则重定位所有注释。

（8）"注释设置"按钮 ▦ 单击此按钮，系统弹出如图 4-29 所示的对话框，可为将要创建的注释选择属性（颜色、内容等）。

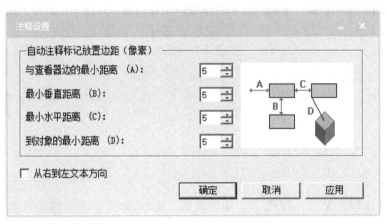

图4-29 "注释设置"对话框

2.标签

（1）"创建标签"按钮 单击此按钮，系统弹出如图 4-30 所示的对话框，可为对象创建标签，为新标签选择名称、文本和外观。

（2）"编辑标签"按钮 单击此按钮，可更改所选标签的名称、文本和外观。

（3）"对象标签"按钮 单击此按钮，可为所选的每个对象各创建一个标签。标签的文本是对象的名称。

3.创建尺寸

（1）"点到点尺寸"按钮 单击此按钮，可创建测量两点之间距离的尺寸。首先选择"点到点尺寸"，然后在"图形查看器"中选取两个对象上要测量的点。

（2）"最小距离尺寸"按钮 单击此按钮，可创建测量所选两个对象的最小距离的尺寸。首先选择"最小距离尺寸"，然后在"图形查看器"中选取两个对象。

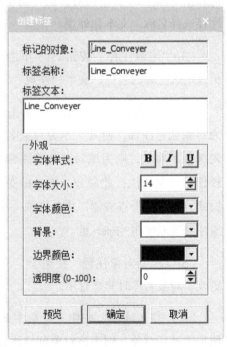

图4-30 "创建标签"对话框

（3）"线性尺寸"按钮 单击此按钮，可创建测量两个平行面或边的线性距离的尺寸。首先选择"线性尺寸"，然后选择两个面或边。

（4）"角度尺寸"按钮 单击此按钮，可创建测量两个相交面或相交边夹角的尺寸。首先选择"角度尺寸"，然后选择两个面或边。

（5）"X 向尺寸"按钮　单击此按钮，可创建测量两个点在 X 方向的距离的尺寸。首先选择"X 向尺寸"，然后选择两个点。

（6）"Y 向尺寸"按钮　单击此按钮，可创建测量两个点在 Y 方向的距离的尺寸。首先选择"Y 向尺寸"，然后选择两个点。

（7）"Z 向尺寸"按钮　单击此按钮，可创建测量两个点在 Z 方向的距离的尺寸。首先选择"Z 向尺寸"，然后选择两个点。

（8）"垂直于源曲线尺寸"按钮　单击此按钮，可创建测量所选曲线之间距离的尺寸。

（9）"垂直于目标曲线尺寸"按钮　单击此按钮，可创建测量所选点与某曲线之间距离的尺寸。

（10）"曲线长度尺寸"按钮　单击此按钮，可创建测量曲线长度的尺寸。首先选择"曲线长度尺寸"，然后选择曲线。

四、任务实施

构建顶升机构的操作步骤见表 4-8。

表 4-8　构建顶升机构的操作步骤

操作说明	效果图
第 1 步　选中对象树中的复合资源 "Line_Conveyer"，在"建模"菜单栏中单击"创建复合资源"按钮	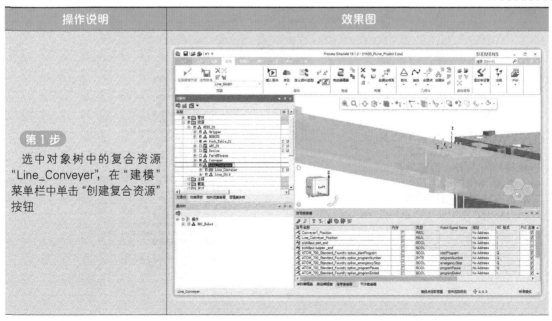

（续）

操作说明	效果图
第 2 步 选中"复合资源1"，修改名称为"Dingsheng"	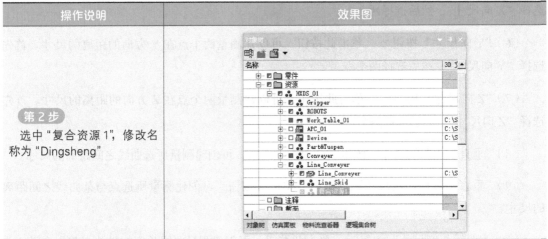
第 3 步 选中对象树中的复合资源"Dingsheng"，在"建模"菜单栏中单击"新建资源"按钮，在"新建资源"对话框中"节点类型"选择"Device"，单击"确定"按钮，修改新建的资源名称为"Dingsheng01"	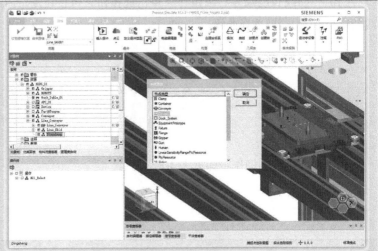
第 4 步 剪切粘贴对象树→"Line_Conveyer"→"倍速线体总装带载具"→"WX-倍速链总装"中的"MGPM20-50MGPM20-50Z（0_0_0）"到资源"Dingsheng01"中	

（续）

操作说明	效果图
第 5 步 选中对象树中的资源"Ding-shing01"，选择菜单栏"建模"，在"运动学设备"工具栏中单击"运动学编辑器"按钮	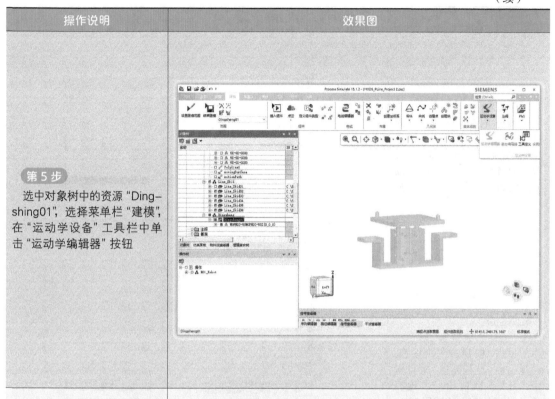
第 6 步 在弹出的"运动学编辑器"对话框中，单击"创建连杆"按钮	

（续）

操作说明	效果图
第 7 步 在弹出的"连杆属性"对话框中，"名称"修改为"Base"，"连杆单元元素"选择"MGPM20-501""WX- 顶升定位组"，单击"确定"按钮	
第 8 步 在"运动学编辑器"对话框中，单击"创建连杆"按钮，在弹出的"连杆属性"对话框中，"名称"默认"lnk1"，"连杆单元元素"选择"MGPM20-502""WX- 顶升定位板"，单击"确定"按钮	
第 9 步 在"运动学编辑器"对话框中，将光标移动到"Base"位置，按住鼠标左键，拖动到"lnk1"的位置，松开鼠标左键，出现❶黑色箭头，弹出"j1"的关节属性对话框，单击❷处的倒三角符号	

（续）

操作说明	效果图
第 10 步 进行 "j1" 的关节属性设置。两个点分别选择顶升机边缘点，如右图❶❷所示，显示区的黄色线段显示关节移动方向，关节类型选择 "移动"，限制类型选择 "常数"，上下限的值分别为 "37" 和 "0"，单击 "确定" 按钮	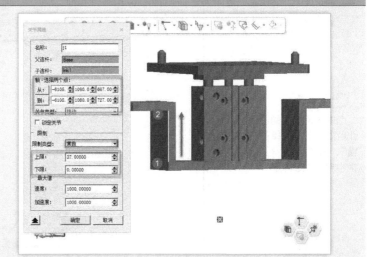
第 11 步 选中对象树中的资源 "Ding-sheng01"，选择菜单栏 "建模"，在 "运动学设备" 工具栏中单击 "姿态编辑器"	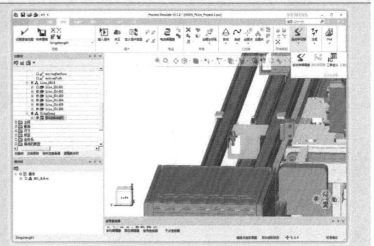
第 12 步 在弹出的 "姿态编辑器" 对话框中，单击 "新建" 按钮，新建 3 个姿态，设置参数如右图所示	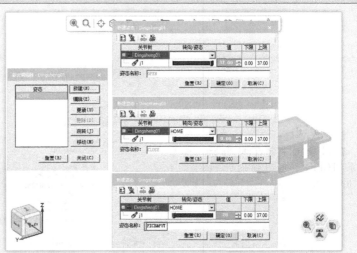

（续）

操作说明	效果图
第13步 选中对象树中的资源"Ding-sheng01"，选择菜单栏"建模"，在"运动学设备"工具栏中单击"工具定义"	
第14步 在弹出的"工具定义"对话框中，"工具类"下拉菜单选择"握爪"、单击"TCP坐标"，下三角图标，选择"2点定坐标系"，选的两个点为顶梢的表面圆心，单击"确定"按钮，"抓握实体"选择"lnk1"→"WX-顶升定位板"中的"倒角2"和"倒角3"，单击"确定"按钮	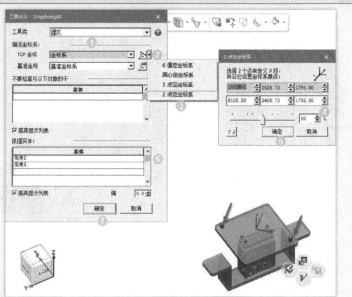
第15步 在对象树中将工具坐标系"TCPF1"拖拽到顶升机"lnk1"中	

（续）

操作说明	效果图
第16步 选中对象树中的资源"Dingsheng01"，选择菜单栏"建模"，在"运动学设备"工具栏中单击"设置抓握对象列表"，在弹出的"设置抓握对象"对话框中，选择"定义的对象列表"，"对象"选择滑橇"Line_Skid01"～"Line_Skid06"，单击"确定"按钮	
第17步 在操作树中选中"操作"，选择菜单栏"操作"，单击"新建操作"，在下拉菜单中选择"新建复合操作"，在弹出的"新建复合操作"对话框中，"名称"修改为"Line_Dingsheng"，单击"确定"按钮	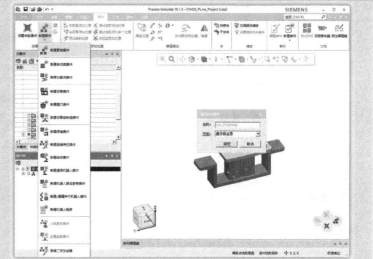
第18步 新建两个复合操作。在操作树中，选中复合操作"Line_Dingsheng"，选择菜单栏"操作"，单击"新建操作"，在下拉菜单中选择"新建复合操作"，在弹出的"新建复合操作"对话框中，"名称"修改为"Line_Dingsheng_Pick"和"Line_Dingsheng_Put"，单击"确定"按钮	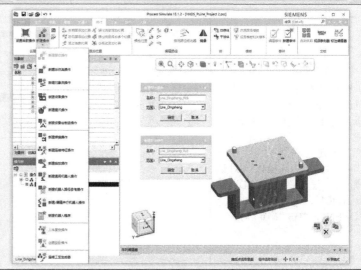

（续）

操作说明	效果图
第 19 步 在操作树中选中复合操作"Line_Dingsheng_Pick"，选择菜单栏"操作"，单击"新建操作"，在下拉菜单中选择"新建非仿真操作"，在弹出的"新建非仿真操作"对话框中，"名称"修改为"Start"，单击"确定"按钮	
第 20 步 在操作树中选中复合资源"Line_Dingsheng_Pick"，选择菜单栏"操作"，单击"新建操作"，下拉菜单中选择"新建握爪操作"，在弹出的"新建握爪操作"对话框中，"握爪"选择"Dingsheng01"，选中"抓握对象"，"目标姿态"选择"PICK&PUT"，单击"确定"按钮	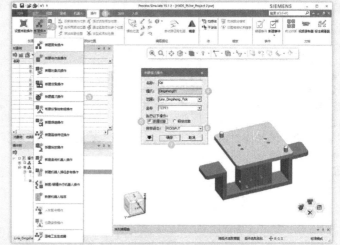
第 21 步 在操作树中选中复合资源"Line_Dingsheng_Pick"，选择菜单栏"操作"，单击"新建操作"，下拉菜单中选择"新建设备操作"，在弹出的"新建设备操作"对话框中，"设备"选择"Dingsheng01"，"到姿态"选择"OPEN"，单击"确定"按钮	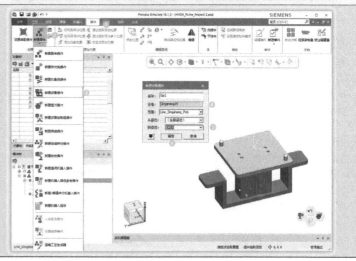

（续）

操作说明	效果图
第 22 步 在操作树中选中复合资源"Line_Dingsheng_Put"，选择菜单栏"操作"，单击"新建操作"，在下拉菜单中选择"新建非仿真操作"，在弹出的"新建非仿真操作"对话框中，"名称"修改为"Start"，单击"确定"按钮	
第 23 步 在操作树中选中复合资源"Line_Dingsheng_Put"，选择菜单栏"操作"，单击"新建操作"，下拉菜单中选择"新建设备操作"，在弹出的"新建设备操作"对话框中，"设备"选择"Dingsheng01"，"到姿态"选择"PICK&PUT"，单击"确定"按钮	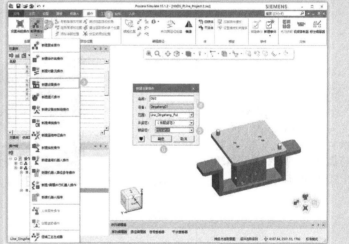
第 24 步 在操作树中选中复合资源"Line_Dingsheng_Put"，选择菜单栏"操作"，单击"新建操作"，下拉菜单中选择"新建握爪操作"，在弹出的"新建握爪操作"对话框中，"握爪"选择"Dingsheng01"，选中"释放对象"，"目标姿态"选择"CLOSE"，单击"确定"按钮	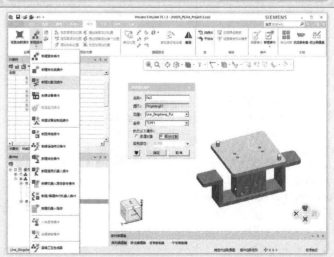

（续）

操作说明	效果图
第 25 步 创建操作如右图所示	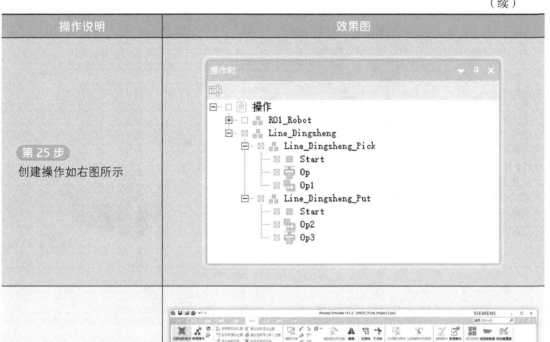
第 26 步 在操作树中选中复合操作"Line_Dingsheng"，选择菜单栏"操作"，单击"设置当前操作"，即可在序列编辑器中进行编辑操作	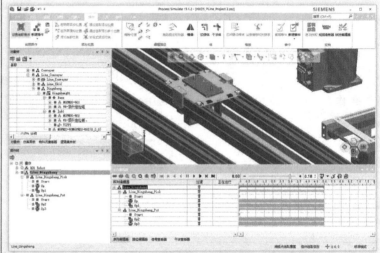
第 27 步 新建两个资源输出信号。在信号查看器中，单击"新建信号"按钮，在弹出的"新建"对话框中，"数量"修改为"2"，"名称"修改为"Line_Dingsheng_Pick"和"Line_Dingsheng_Put"，单击"确定"按钮	

（续）

操作说明	效果图
第28步 在"序列编辑器"中分别将"Start""Op""Op1"和"Start""Op2""Op3"链接起来	
第29步 在"序列编辑器"中分别选中复合操作"Line_Dingsheng_Pick"和"Line_Dingsheng_Put"中的操作"Start"，双击图标 "过渡"，在弹出的"过渡编辑器"对话框中，修改参数如右图所示，单击"确定"按钮	

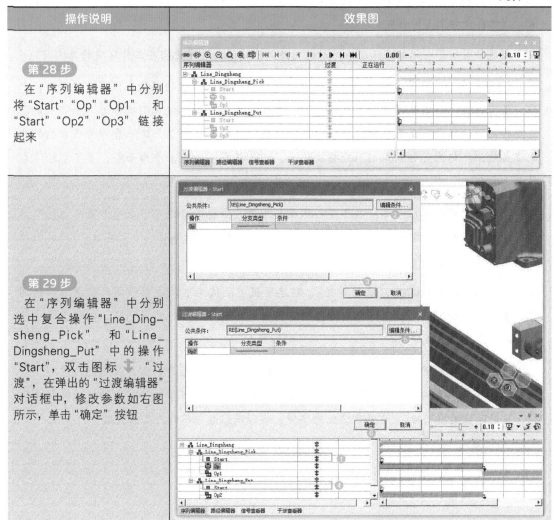

时代先锋——赵忠贤："土炮"搞超导，也管用

中国高温超导研究奠基人、国家最高科学技术奖获得者、中科院院士赵忠贤曾为中国科学院大学的新生们做过一场入学报告。他告诉年轻的同学们，做科研首先是选对方向，然后是坚持。坚持下去，科研就不再是"坐冷板凳"，而是享受。这番话，正是赵忠贤科研生涯的浓缩。

淡泊名利、潜心研究是科学家精神的重要部分。老一辈科学家静心笃志、心无旁骛、力戒浮躁，甘坐"冷板凳"的奉献精神激励了一代又一代的年轻人。有了他们"数十年磨一剑"的坚持，才有了我国科技的长足进步。

赵忠贤正是这些坚守者中的一分子。在坚持高温超导研究的日子里，遇过冷也遇过热，他不止一次地跟团队人员说，不要盲目追逐热点，认准研究方向就坚持下去，瞄准世界一流，在世界舞台上与同行对话。

赵忠贤曾留下一张站在破旧烧结炉前的照片，这张照片是他当年工作环境的真实写照。

20世纪七八十年代，科研经费少，赵忠贤团队在极端落后的实验条件下夜以继日地工作。没有设备，赵忠贤就带领大家用"淘"来的闲置品改造，被人们戏称为二手"土炮"，连烧样品的烧结炉也是自制的。有些设备老得连零件都买不到了，还一直作为项目组的基础设备使用。赵忠贤和同事们不分昼夜地干，饿了就在实验室煮个白面条，累了就轮流在椅子上打个盹。

中科院物理所的同仁在聊及当年的实验环境时，都感慨那是"不及今天百分之一"的硬件条件，但赵忠贤愣是用他的二手"土炮"，"玩"出了举世瞩目的重大突破，"玩"出临界温度的世界纪录。

"别小瞧我这'土炮'，管用着呢"，赵忠贤说。他认为不该过分强调科研中遇到的困难，因为科学研究本来就是一项需要坚持、需要毅力的工作。他告诉团队，别想太多，用好现有的条件认真做研究。

在此后的岁月里，赵忠贤始终保有这份坚持。90年代中后期，国内的高温超导研究遇冷，不少研究人员转向其他领域。但赵忠贤却坚持要坐"冷板凳"，他说，"热的时候要坚持，冷的时候更要坚持。"也正因为他的坚守，我国高温超导不断迎来新突破。

机器人工作站运行调试

本项目介绍通过 Process Simulate 调试信号，使单工作站完成装配仿真的功能。

任务 1 装配产线传送带 CEE 模式调试

一、任务描述

本任务通过启动已设置的信号，使滑橇随顶升机上升至装配点，待零件装配完成，接收下降信号，滑橇下降到装配产线传送带上；启动装配产线传送带信号，滑橇随传送带移至下一个工位。

二、任务目标

技能目标：

1. 掌握 CEE 模式的调试方法。
2. 掌握信号添加至仿真面板中的方法。
3. 掌握序列编辑器在 CEE 模式下的使用方法。
4. 掌握为机器人添加运动学属性的方法。
5. 掌握直接使用运动学属性移动机器人的方法。

素养目标：

1. 要敢于承认矛盾，揭露矛盾，善于分析矛盾，积极寻找正确的方法解决矛盾。

2.矛盾具有特殊性，坚持具体内容具体分析，反对"一刀切"。

3.坚持两点论和重点论的统一。处理问题时，抓重点，集中力量解决主要矛盾；统筹兼顾，恰当处理好次要矛盾，坚持具体问题具体分析。

三、知识储备

为简单机器人添加运动学

选中机器人本体，单击鼠标左键，选中"机器人调整"图标，系统弹出如图5-1所示的"机器人调整"对话框。

"机器人调整"对话框有如下几种基本模式：

（1）机器人运动（默认行为） 机器人底座固定在地面上或外部轴（如第7轴），并且工具坐标系可以移动到任何地方。这个机器人在运动学上是可行的（反向运动学）。它也可以在机器人的外部轴上点动机器人。

（2）选中只有带锁定工具坐标系的机器人Jog图标 工具坐标系固定在一个位置，并且机器人底座可以沿其外部轴移动到任何位置（如第7轴）。

（3）选中带锁定工具坐标系的机器人Jog图标和启用机器人放置图标 工具坐标系固定在一个位置，该机器人的运动学可能是机器人底座可以移动到任何地方（如果定义，机器人与外轴分离）。

（4）选中带锁定工具坐标系的机器人Jog图标以及启用机器人和附件链条放置图标 工具坐标系固定在一个位置，机器人底座可以移动到该机器人运动学上可能的任何位置（如果定义，可以附外轴）。

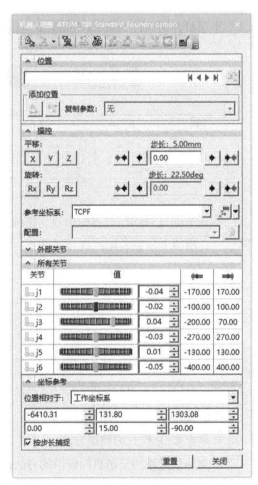

图5-1 "机器人调整"对话框

单击锁定配置的机器人点动图标。当在Robot Jog对话框的Manipulation区域选择此项时，工具坐标系可以移动到不改变机器人配置的情况下运动学上可能的任何地方。

四、任务实施

装配产线传送带 CEE 模式调试的操作步骤见表 5-1。

表 5-1　装配产线传送带 CEE 模式调试的操作步骤

操作说明	效果图
第 1 步　在生产线仿真模式下，将"信号查看器"中的信号添加到"仿真面板"中，并分组、修改名称，对输出地址勾选"强制"，操作设置如右图所示	
第 2 步　在"序列编辑器"中单击"正向播放仿真"	
第 3 步　在"仿真面板"中强制信号"Line_Dingsheng_Pick"，滑橇随顶升机上升至装配点，待装配完成，强制信号"Line_Dingsheng_Put"，滑橇下降到装配产线传送带上	

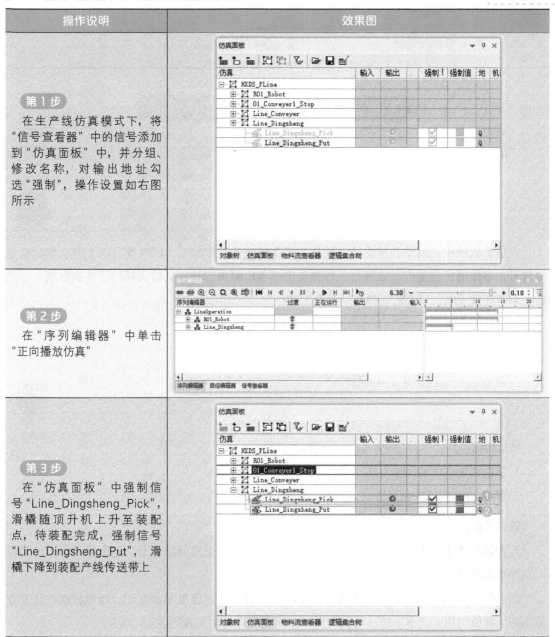

（续）

操作说明	效果图
第4步 强制信号 "Line_Conveyer_Start"，滑橇随传送带向下一个工位运动，再分别强制信号 "CP_0" ~ "CP_5"，使滑橇在下一个工位的强制点停止	

任务 2　单工作站 CEE 模式调试

一、任务描述

在仿真软件中：启动开始信号，托盘和零件落在传送带起点，同时顶升机上升；启动传送带信号，零件随托盘至传送带终点；待终点传感器检测到信号，机器人抓取零件到滑橇上，然后抓取空托盘入库；顶升机下降至下一个工位。

二、任务目标

技能目标：

1. 掌握附加事件的操作方法。

2. 掌握 CEE 模式的调试方法。

素养目标：

1. 辩证的否定是事物自身的否定，即自己否定自己，是发展的环节，是联系的环节，辩证否定的实质就是"扬弃"。

2. 必须树立创新意识，做到不唯上、不唯书、只唯实。尊重书本知识，尊重权威，还要立足实践，解放思想，实事求是，与时俱进，不断实现理论和实践的创新与发展。

三、知识储备

操作信号

表 5-2 中所列的信号生成命令可用于为研究中选定的对象创建信号、传感器和操作。

表 5-2　信号生成命令

按钮	选项	描述
	创建设备起始信号	为所选设备操作创建起始信号
	创建所有流的起始信号	为所有对象流操作创建起始信号
	创建非仿真起始信号	为所选非仿真操作创建起始信号
	创建设备操作 / 信号	新建操作，以在姿态之间移动所选设备。这包括创建 MoveToPose 等信号、创建姿态传感器以及创建设备操作，以在成对姿态之间移动设备。如果恰好有 2 个非初始位置姿态，这也适用于多个设备 为选定的设备姿态创建如下： 1）一个 MoveToPose 信号用于选定的姿态 2）设备操作，在选定的姿态之间移动设备。创建设备操作自动为每个设备操作创建一个结束信号 3）用于选定姿态的姿态传感器。创建姿态传感器会自动为设备创建 AT 信号
	创建机器人起始信号	为所选机器人的所有操作创建起始信号：菜单栏 "控件" → "机器人" → "创建机器人起始信号"

四、任务实施

单工作站 CEE 模式调试的操作步骤见表 5-3。

表 5-3　单工作站 CEE 模式调试的操作步骤

操作说明	效果图
第 1 步 在操作树中选中操作 "put_part"，单击"放置操控器"，在弹出的"放置操控器"对话框中，向 Z 轴正方向平移"4"，零件即可放置在上升状态的顶升机上	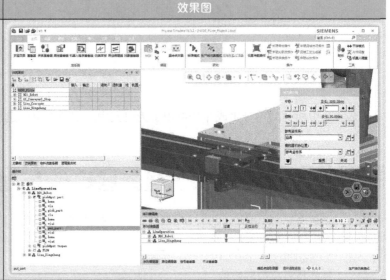
第 2 步 在"序列编辑器"中选中复合操作"Line_Dingsheng_Put"中的设备操作"Op2"，单击鼠标右键，选择"附加事件"，在弹出的"附加个对象"对话框中，"要附加的对象"选择零件"HXDS001"，"到对象"选择滑橇"Line_Skid01"，单击"确定"按钮	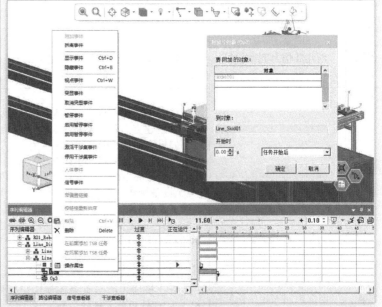
第 3 步 修改项目 4 任务 1 操作的物料流。在操作树中，选中复合操作"Line_Dingsheng_Put"中的设备操作"Op2"，单击"物料流查看器"中"添加操作"按钮	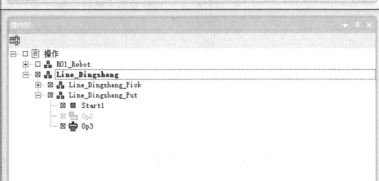

（续）

操作说明	效果图
第 4 步 链接操作，物料流如右图所示	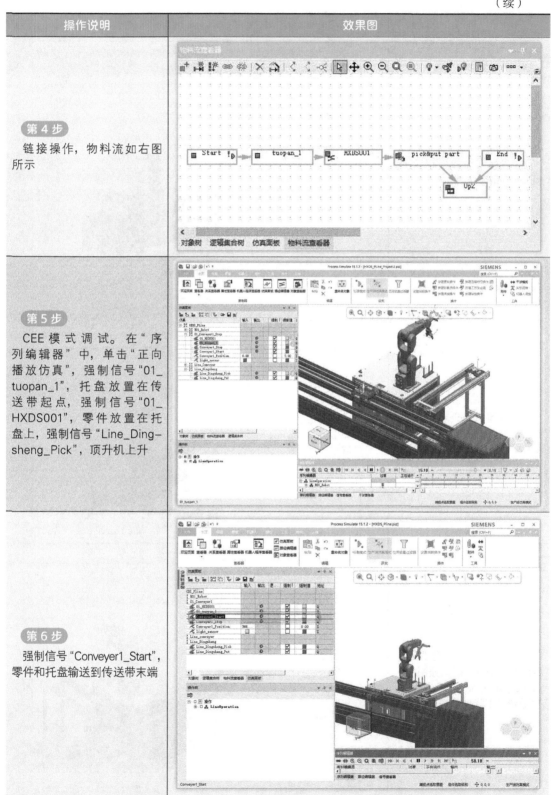
第 5 步 CEE 模式调试。在"序列编辑器"中，单击"正向播放仿真"，强制信号"01_tuopan_1"，托盘放置在传送带起点，强制信号"01_HXDS001"，零件放置在托盘上，强制信号"Line_Dingsheng_Pick"，顶升机上升	
第 6 步 强制信号"Conveyer1_Start"，零件和托盘输送到传送带末端	

（续）

操作说明	效果图
第 7 步 强制信号 "Q_pick&put part"，机器人抓取零件到滑橇上	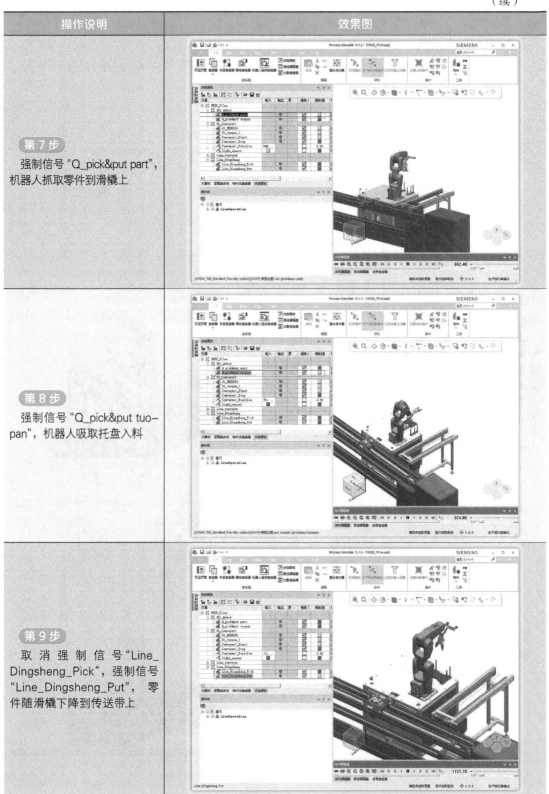
第 8 步 强制信号 "Q_pick&put tuo-pan"，机器人吸取托盘入料	
第 9 步 取消强制信号 "Line_Dingsheng_Pick"，强制信号 "Line_Dingsheng_Put"，零件随滑橇下降到传送带上	

（续）

操作说明	效果图
第10步 强制信号 "Line_Conveyer_Start"，零件和滑橇输送到下一个工位，单工作站 CEE 模式调试完成	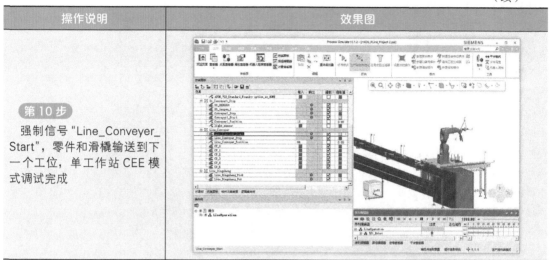

时代先锋——于敏：为了科学真理拍桌子

科研诚信、作风学风是科学研究的生命线。新中国成立以来，广大科技工作者披荆斩棘、砥砺前行，涌现出一大批爱国奉献、勇攀高峰、求真务实、淡泊名利、团结协作、甘为人梯的先进典型。

1966年12月28日，我国首次氢弹原理试验。为确保拿到测试结果，试验前，于敏顶着戈壁滩零下三四十摄氏度的刺骨严寒，半夜爬上102m的铁塔顶端，检查和校正测试项目屏蔽体的摆置。

于敏的工作是武器理论设计，他对实验相当重视。著名实验核物理学家王淦昌曾说，在他接触的我国理论物理学家中，最重视物理实验的人是于敏。

为研制第一代核武器，于敏八上高原，六到戈壁。西北核武器研制基地地处青海高原，于敏高原反应非常强烈，身体条件糟糕，上台阶需用手帮着抬腿才能慢慢上去，甚至连在保密电话室给理论部打长途电话时，也常常躺在椅子或床上有气无力地说话。

尽管为核武器研制呕心沥血，但实验推进却是一波三折。有一次，西北核武器研制基地的冷实验未能观察到预期的现象，后来又接连做了两次实验，仍未观察到预期的现象。

1970年，进驻基地的一些人盯住这次偶然的技术事故不放，并让于敏按照他们的意思表态。在一次会议上，平时讲话语速很慢、话也不多的于敏终于按捺不住，拍案而起，"你们就是把我抓起来，我也绝不能同意你们的意见。因为你们的意见不符合科学规律！"并坚持将问题解决才离开基地。

"如果当时他说一句假话，整个氢弹科研方向、路线将全部改变。"40多年过去了，胡思得院士至今仍记得于敏一生中的唯一一次拍桌子，"做科研首先要诚实，否则对不起科学，对不起真理，这是老于教会我们的。"

Process Simulate 人因仿真

一、项目描述

本项目介绍通过 Process Simulate 创建人体模型并实现人体仿真等功能。

二、项目目标

技能目标：

1. 掌握创建人体姿态的操作方法。

2. 掌握行走操作的方法。

3. 掌握通过"任务仿真构建器"创建人机操作的方法。

素养目标：

1. 改造主观世界是为了更好地改造客观世界；改造客观世界的同时，也改造着自己的主观世界。

2. 崇高的理想是社会进步的助推器，是我国民族团结、共同奋斗的精神力量，是人生的精神支柱。要把个人志向与社会主义、共产主义理想统一起来，将自己的一切同祖国、同人民、同人类的命运结合在一起。

三、知识储备

"人体"菜单栏

如图 6-1 所示为"人体"菜单栏。Process Simulate 的"人体"菜单就是其人因工程仿真模块，该菜单提供了多种类型的人因仿真功能，通过这些功能可以创建人体类型、人体姿势和手型，也可以模拟抓放物件、行走以及上下楼梯等动作，还可以对人体进行可视性、可达性及人体工程学分析。

图6-1 "人体"菜单栏

1."工具"工具栏

（1）"创建人体"按钮 单击此按钮，系统弹出如图 6-2 所示的对话框。既可以通过选择或者输入人体参数创建人体模型，也可以通过文件加载的方式将人体模型导入研究中。

选中"通过参数创建"单选按钮，然后可以在"性别"下拉列表中选择是创建"男"还是"女"人体模型。在"外观"下拉列表中选择人体模型"着衣"或者"手套和靴子"等外观要求；在"数据库"下拉列表中，选择创建不同国家或者区域的人体模型；在"高度"和"重量"下拉列表中，定义人体模型的身高、体重。若选中"从 .flg 文件加载参数"单选按钮，可以将其他研究创建的人体模型导入现在的研究中。

可以将人体模型保存为 .flg 格式的文件，便于重复引用。

（2）"人体姿势"按钮 单击此按钮，系统弹出如图 6-3 所示的对话框，可以用来控制人体姿态、调整关节、定义载荷和重量等操作。操作完成后，可以单击"创建操作"按钮完成人体的设置。

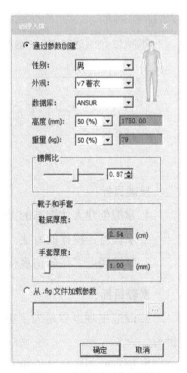

图6-2 "创建人体"对话框

1）"控件"选项卡：用户可以选择人体模式为"站姿"或"坐姿"；"视线目标"选择"移动手"或自定义"选择目标"，"锁定"身体的躯干、骨盆和膝盖或全部，对后面的操作不可修改。"对仿真不可用"可以选择左右手等操作，在仿真过程中不影响。

2）"姿势库"选项卡：如图6-4所示，用户可以对"全身"或"手"进行姿态的选择，并应用到所需的身体部分。

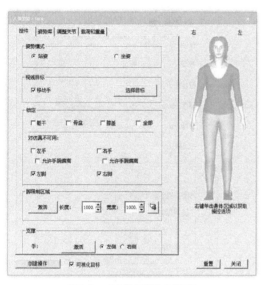

图6-3 "人体姿势"对话框

图6-4 "姿势库"选项卡

3）"调整关节"选项卡：如图6-5所示，用户可以选择右肘和左手等选项，并决定是否应用于两侧，还可调节弯曲的角度。

4）"载荷和重量"选项卡：如图6-6所示，用户可以定义载荷重心等参数。

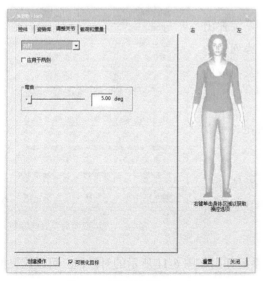

图6-5 "调整关节"选项卡

图6-6 "载荷和重量"选项卡

（3）"人体选项"按钮 🧍 单击此按钮，系统弹出如图 6-7 所示的对话框。可以预设置人体的相关参数，如行走速度、人体外观颜色（衣服、眼睛、虹膜、头发和指甲等）等。

（4）"人体属性"按钮 🧍 单击此按钮，系统弹出如图 6-8 所示的对话框。可以在此对话框中更改人体的属性参数，如身体、体重、性别和外观等。

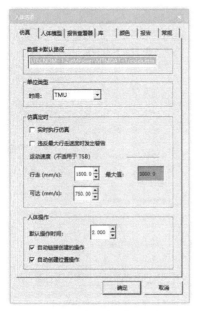

图6-7 "人体选项"对话框

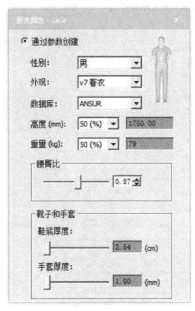

图6-8 "更改属性"对话框

2. "姿势"工具栏

（1）"默认姿势"按钮 🧍 单击此按钮，可以将所选人体重置为默认站立姿势。

（2）"抓取向导"按钮 ✋ 单击此按钮，系统弹出如图 6-9 所示的对话框。可以从预定义手指姿势列表中为每只手选择首选抓取姿势，设置左右手姿势及抓取的对象，并创建操作。

（3）"保存当前姿势"按钮 🧍 单击此按钮，可以存储所选人体的当前姿势，向库中添加新姿势。

（4）"达到目标"按钮 🧍 单击此按钮，系统弹出如图 6-10 所示的对话框，可以设置选择人体要达到的目标位置，并创建操作。

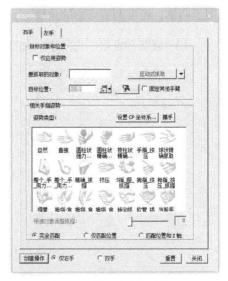

图6-9 "抓取向导"对话框

（5）"自动抓取"按钮 ✋ 单击此按钮，系统弹出如图 6-11 所示的对话框。可以定义人体左右手抓取的对象、方向及位置，并创建操作。

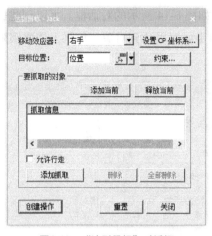

图6-10　"达到目标"对话框

图6-11　"自动抓取"对话框

3. "仿真" 工具栏

（1）"任务仿真构建器"（TSB）按钮 👤 　单击此按钮，系统弹出如图 6-12 所示的对话框。可以在此对话框中定义人体行走、取放物件和姿态调整等操作。

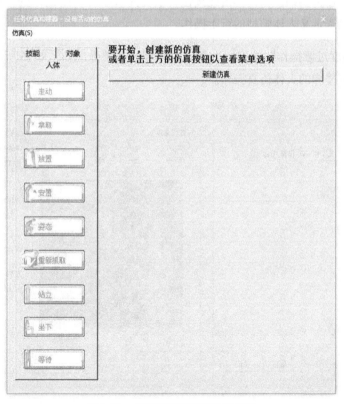

图6-12　"任务仿真构建器"对话框

（2）"创建姿势操作"按钮 👤 　单击此按钮，系统弹出如图 6-13 所示的对话框。可以创建姿势操作，将人体移动到特定的姿势。

（3）"放置对象"按钮 ![] 　单击此按钮，系统弹出如图 6-14 所示的对话框。可以创建放置对象的操作，将操控器用于人体和对象，使人体能够单手或双手达到对象。如果人体要跟随对象，则使用跟随模式。

图6-13　"操作范围"对话框

图6-14　"放置"对话框

（4）"行走创建器"按钮 ![] ：单击此按钮，系统弹出如图 6-15 所示的对话框。可以通过选择位置或创建路径来定义人体模型的行走操作。

（5）"创建高度过渡操作"按钮 ![] 　单击此按钮，系统弹出如图 6-16 所示的对话框。可以创建上下坡及上下楼梯的人体仿真操作。

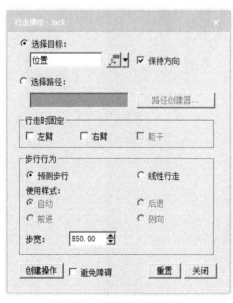

图6-15　"行走操作"对话框

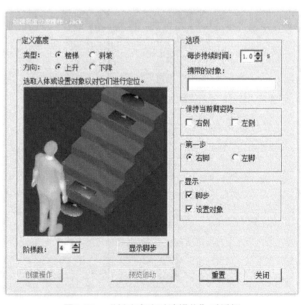

图6-16　"创建高度过渡操作"对话框

4. "分析"工具栏

（1）"视线窗口"按钮 ![] 　单击此按钮，系统弹出如图 6-17 所示的对话框。可以选择以头部直视、中眼、左眼及右眼等视角来显示对象内容。图 6-18 所示为正中眼位视图的情况。

图6-17 "视线窗口"对话框   图6-18 "正中眼位视图"对话框

（2）"抓取包络"开关按钮 按下此按钮，可以显示人体模型能抓取到的区域范围，如图 6-19 所示。

（3）"视线包络"开关按钮 当此按钮被按下时，可以显示人体模型能看到的区域范围，如图 6-20 所示。

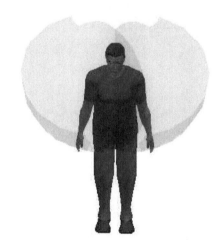

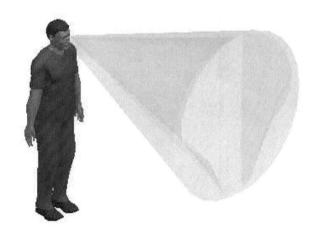

图6-19 抓取包络显示范围   图6-20 视线包络范围

（4）"包络设置"按钮 单击此按钮，系统弹出如图 6-21 所示的对话框。可以设置人体模型"抓取包络"和"视线包络"的区域范围。

5．"人机工程学"工具栏

（1）"分析工具"按钮 在此按钮的下拉菜单中，通过选择不同的选项，可以对所选人体模型进行舒适度、力量、能量消耗和疲劳强度等项目的评估分析。

（2）"载荷和重量"按钮 单击此按钮，系统弹出如图 6-22 所示对话框。用户可以定义身体各部分的载荷和重量，用于完成准确的人机工程学分析。

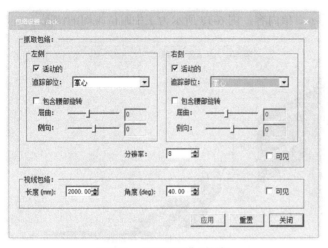

图6-21　"包络设置"对话框

图6-22　"载荷和重量"对话框

（3）"报告查看器"按钮 ▦　单击此按钮，系统弹出如图 6-23 所示对话框。可以创建人体模型的分析评估报告。

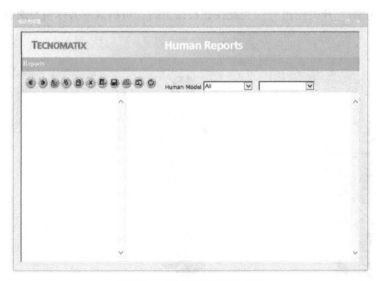

图6-23　"报告查看器"对话框

四、项目实施

（一）通过任务仿真构建器创建人机操作

通过任务仿真构建器创建人机操作的操作步骤见表 6-1。

表 6-1 通过任务仿真构建器创建人机操作的操作步骤

操作说明	效果图
第 1 步 在对象树中选中复合资源"HXDS_01"，选择菜单栏"建模"，单击"创建复合资源"	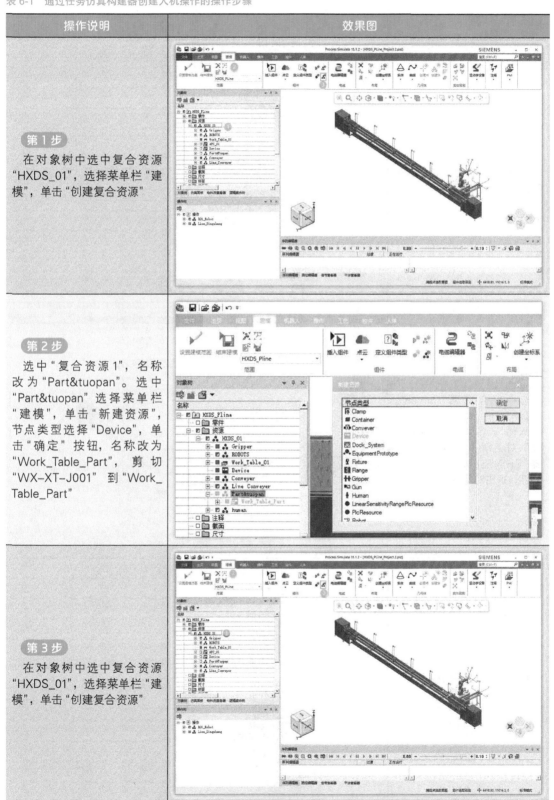
第 2 步 选中"复合资源1"，名称改为"Part&tuopan"。选中"Part&tuopan"选择菜单栏"建模"，单击"新建资源"，节点类型选择"Device"，单击"确定"按钮，名称改为"Work_Table_Part"，剪切"WX-XT-J001"到"Work_Table_Part"	
第 3 步 在对象树中选中复合资源"HXDS_01"，选择菜单栏"建模"，单击"创建复合资源"	

（续）

操作说明	效果图
第 4 步 选中"复合资源 1"，修改名称为"Human"	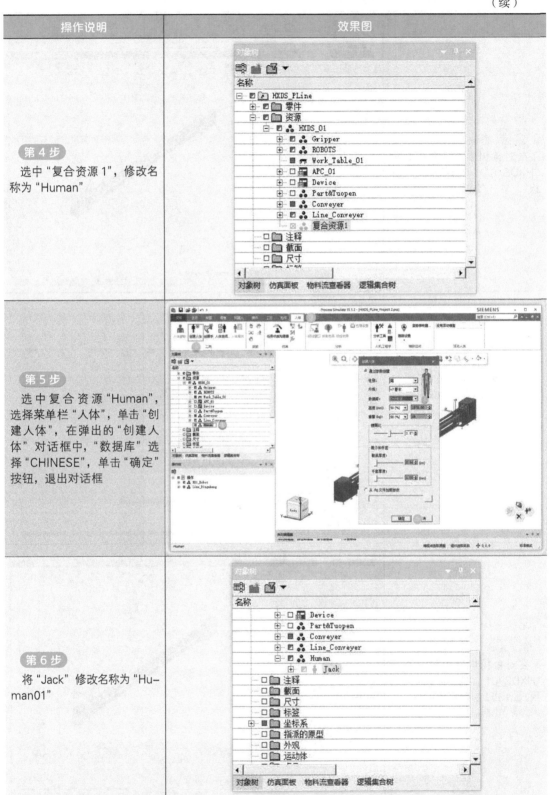
第 5 步 选中复合资源"Human"，选择菜单栏"人体"，单击"创建人体"，在弹出的"创建人体"对话框中，"数据库"选择"CHINESE"，单击"确定"按钮，退出对话框	
第 6 步 将"Jack"修改名称为"Human01"	

（续）

操作说明	效果图
第 7 步 将"Human01"位置放置在装配产线传送带前（模型与人体都在地面上）	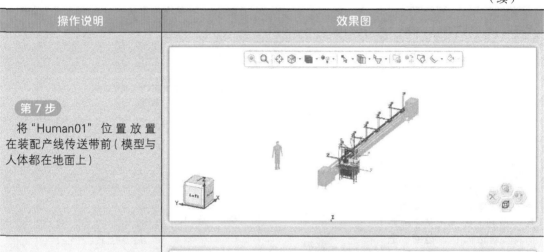
第 8 步 在操作树中选中复合操作"LineOperation"，选择菜单栏"建模"，单击"新建操作"，选择"新建复合操作"，在弹出的"新建复合操作"对话框中，"名称"修改为"Human01"，单击"确定"按钮，退出对话框	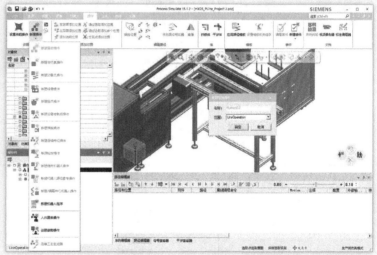
第 9 步 在操作树中选中复合操作"Human01"，选择菜单栏"人体"，单击"任务仿真构建器"	

（续）

操作说明	效果图
第10步 在弹出的"任务仿真构建器"对话框中，单击"新建仿真"按钮，在弹出的"新建仿真"对话框中，"范围"选择"Human01"，单击"确定"按钮	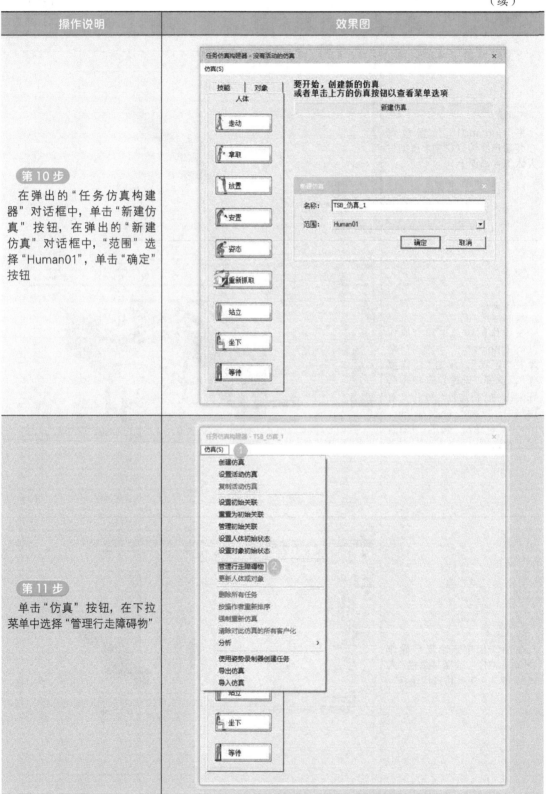
第11步 单击"仿真"按钮，在下拉菜单中选择"管理行走障碍物"	

（续）

操作说明	效果图
第 12 步 在弹出的"管理行走障碍物"对话框中，元素选择"Line_Conveyer""Conveyer1""Work_Table_01"和"ATOM_700_Standard_Foundry option"，暗红色包住的对象代表人体在行走时需要规避的障碍物，单击"确定"按钮，退出对话框	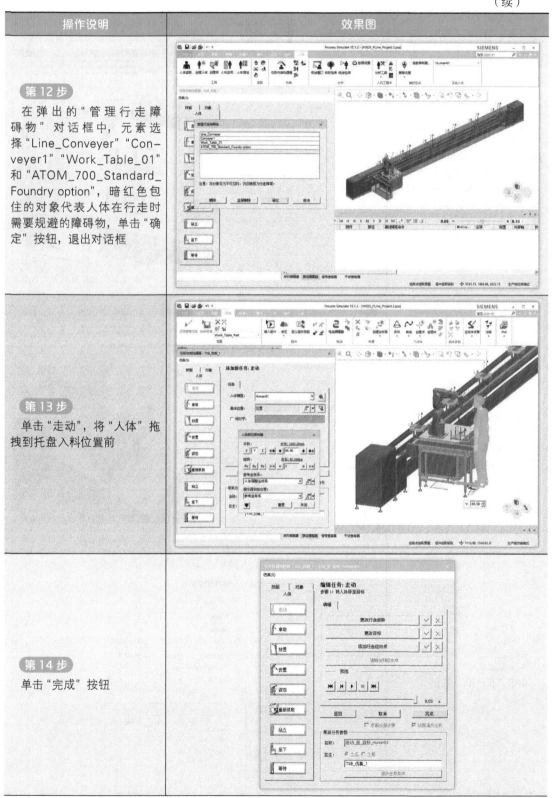
第 13 步 单击"走动"，将"人体"拖拽到托盘入料位置前	
第 14 步 单击"完成"按钮	

（续）

操作说明	效果图
第 15 步 抓取托盘。单击"拿取"，"对象"选择托盘"Work_Table_Part""右手抓取"，勾选"精度"，单击"创建参考坐标系"，在弹出的"位置"对话框中，选择右手抓取托盘位置，单击"确定"按钮	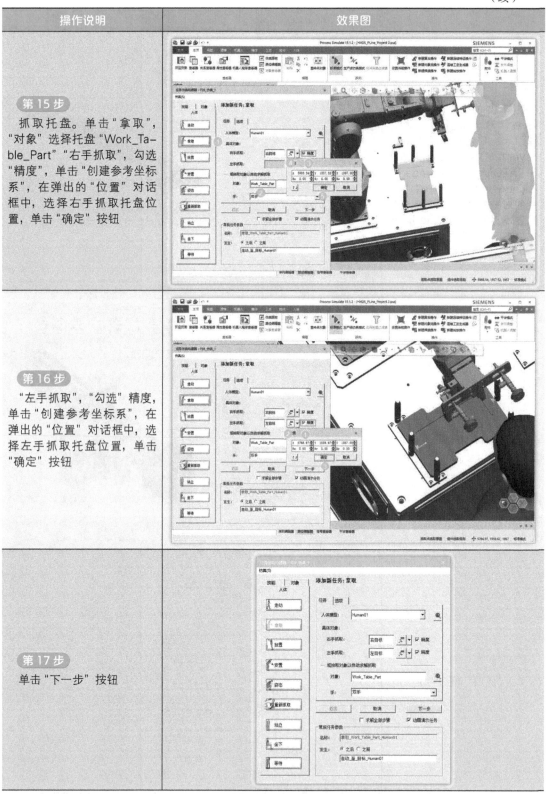
第 16 步 "左手抓取"，"勾选"精度，单击"创建参考坐标系"，在弹出的"位置"对话框中，选择左手抓取托盘位置，单击"确定"按钮	
第 17 步 单击"下一步"按钮	

（续）

操作说明	效果图
第 18 步 单击"下一步"按钮	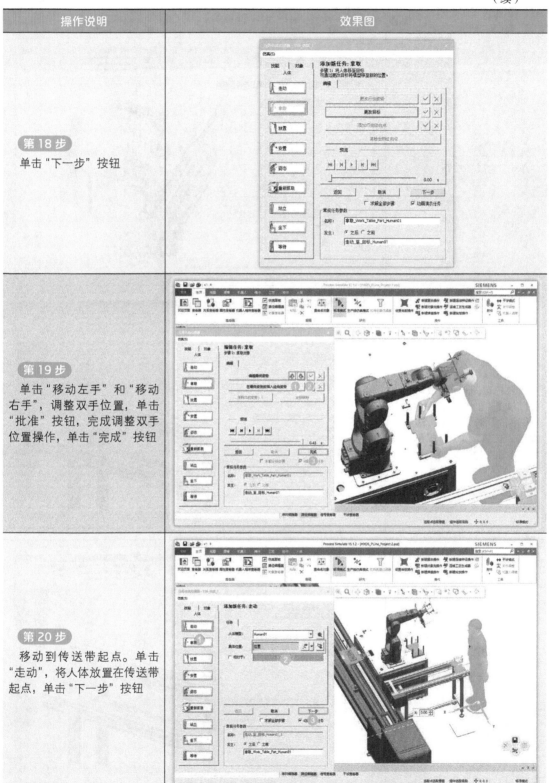
第 19 步 单击"移动左手"和"移动右手"，调整双手位置，单击"批准"按钮，完成调整双手位置操作，单击"完成"按钮	
第 20 步 移动到传送带起点。单击"走动"，将人体放置在传送带起点，单击"下一步"按钮	

（续）

操作说明	效果图
第 21 步 单击"完成"按钮	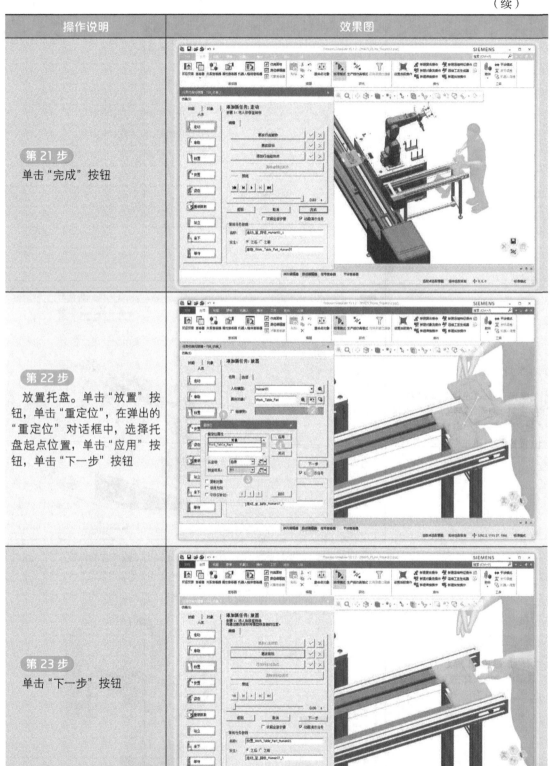
第 22 步 放置托盘。单击"放置"按钮，单击"重定位"，在弹出的"重定位"对话框中，选择托盘起点位置，单击"应用"按钮，单击"下一步"按钮	
第 23 步 单击"下一步"按钮	

（续）

操作说明	效果图
第 24 步 单击"完成"按钮	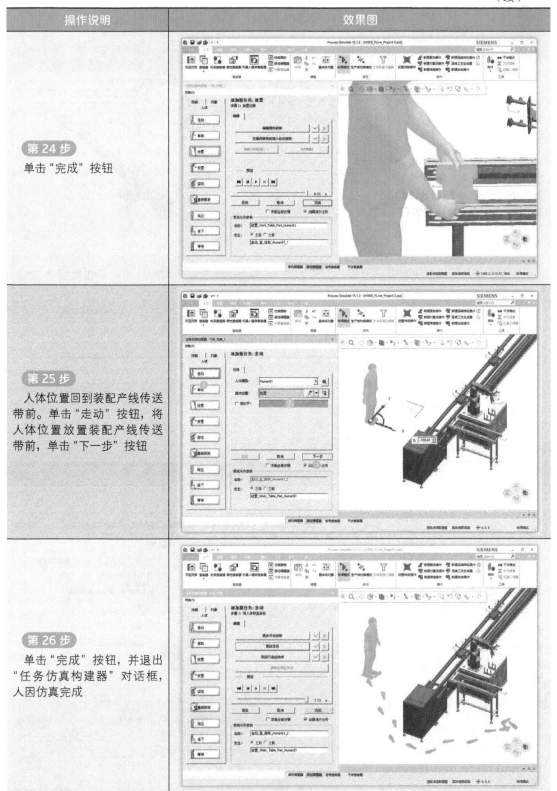
第 25 步 　人体位置回到装配产线传送带前。单击"走动"按钮，将人体位置放置装配产线传送带前，单击"下一步"按钮	
第 26 步 　单击"完成"按钮，并退出"任务仿真构建器"对话框，人因仿真完成	

（续）

操作说明	效果图
第27步 在操作树中选中复合操作"Human01"，在"路径编辑器"中，单击"向编辑器添加操作"，单击"正向播放仿真"按钮，进行"Human01"仿真	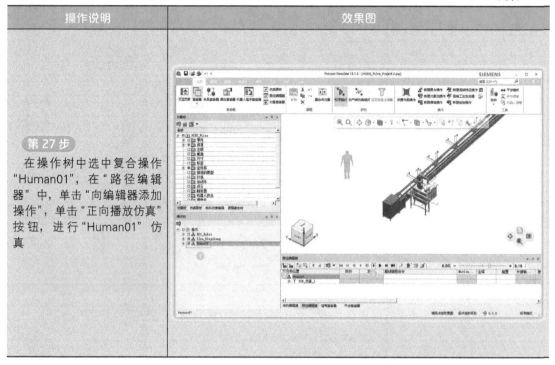

（二）创建行走操作

创建行走操作的操作步骤见表6-2。

表6-2　创建行走操作的操作步骤

操作说明	效果图
第1步 单击"人体"菜单下的"人体选项"按钮，在弹出的"人体选项"对话框中，默认设置参数，单击"确定"按钮，退出"人体选项"对话框	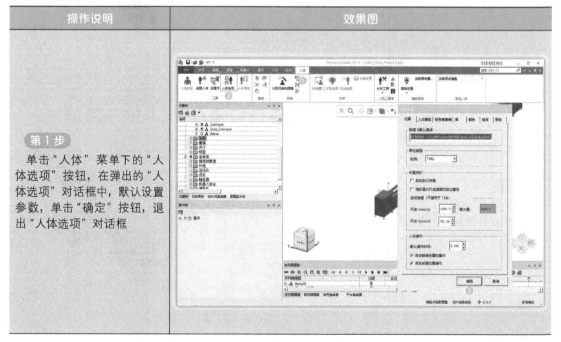

（续）

操作说明	效果图
第 2 步 选中复合资源"Human"，单击"创建人体"按钮，弹出"创建人体"对话框，默认设置参数，单击"确定"按钮	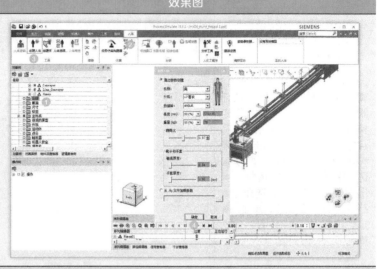
第 3 步 将人体"Jack"名称修改为"Human02"，并将其放置在传送带前	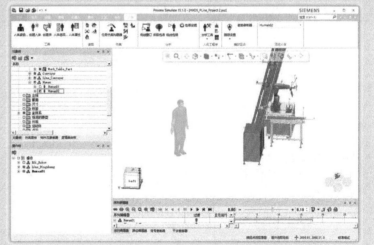
第 4 步 在操作树中选中"操作"，选择菜单栏"操作"，单击"新建操作"，选择"新建复合操作"，在弹出的"新建复合操作"对话框中，在"名称"对话框中输入"Human02"，在"范围"下拉列表中选择"操作根目录"，单击"确定"按钮	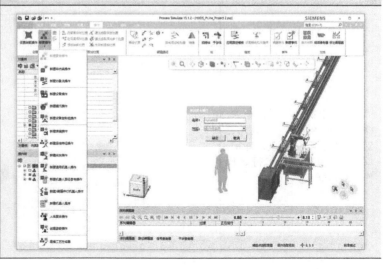

（续）

操作说明	效果图
第5步 单击"人体"菜单栏下"仿真"工具栏中的"行走创建器"按钮，在弹出的"行走操作"对话框中选中"选择目标"单选按钮，单击"创建参考坐标系"按钮，取消勾选"保持方向"复选框，弹出"位置"对话框，选择行走路径沿途一个位置，单击"确定"按钮，退出"位置"对话框	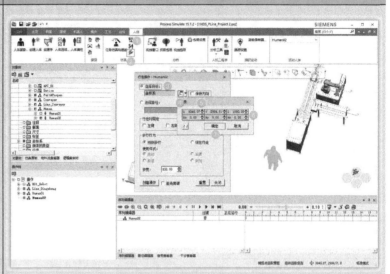
第6步 在"行走操作"对话框中，单击"创建操作"按钮，在弹出的"操作范围"对话框中，"范围"选择复合操作"Human02"，单击"确定"按钮，退出"操作范围"对话框	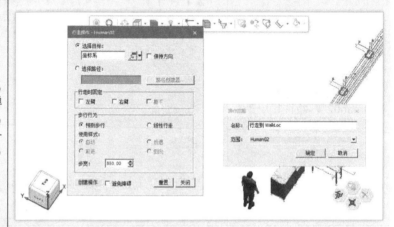
第7步 在"行走操作"对话框中，继续选择路径沿途位置，直到人体位置到达托盘入库前，单击"关闭"，退出"行走操作"对话框	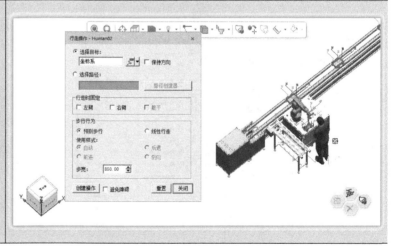

（续）

操作说明	效果图
第8步 创建抓取操作。单击"人体"菜单下"姿势"工具栏中的"自动抓取"按钮，在弹出的"自动抓取"对话框中，单击"右手"选项卡，参数设置如下：取消勾选"允许双手抓取"复选框，勾选"固定其他手臂"和"精确抓取"复选框，"抓取方向"选择"侧面"，"对象"选中托盘"Work_Table_Part"	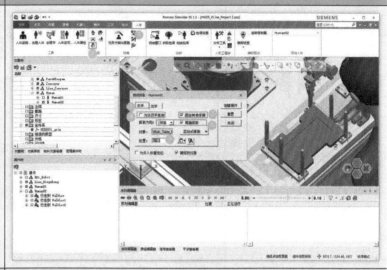
第9步 单击"ManJog 右手"按钮 ，在弹出的"人体部位操控器"对话框中调整手部形态及位置	
第10步 在"自动抓取"对话框中，单击"左手"选项卡，参数设置如下：取消勾选"允许双手抓取"复选框，勾选"固定其他手臂"和"精确抓取"复选框，"抓取方向"选择"侧面"，"对象"选中托盘"Work_Table_Part"	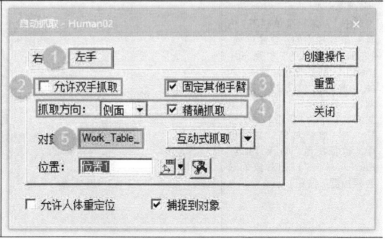

（续）

操作说明	效果图
第11步 单击"ManJog左手"按钮 ![按钮] ，在弹出的"人体部位操控器"对话框调整手部形态及位置	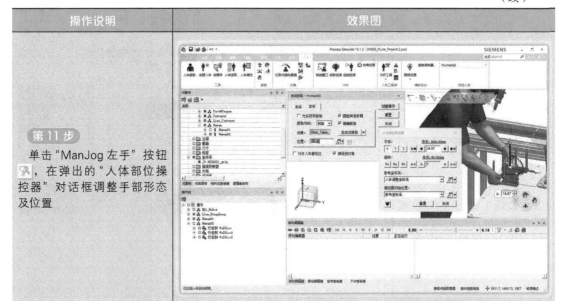
第12步 在"自动抓取"对话框中，单击"创建操作"按钮，在弹出的"操作范围"对话框中，在"范围"下拉列表中选择"Human02"，单击"确定"按钮，完成抓取操作。最后，在"自动抓取"对话框中单击"关闭"按钮	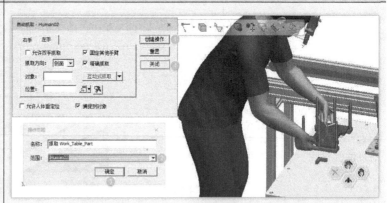
第13步 单击"人体"菜单栏下"仿真"工具栏中的"放置对象"按钮，在弹出的"放置Human02"对话框中，选中"人体位置调整"栏中的"跟随对象"单选按钮，以及"对象关系"栏中的"携带"单选按钮；在"放置对象"文本框中，选择托盘"Work_Table_Part"；单击"打开对象的放置操控器"按钮	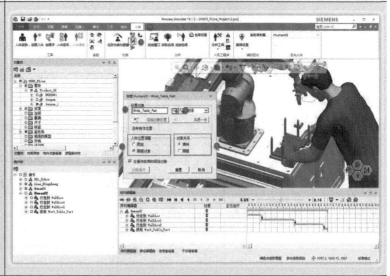

操作说明	效果图
第14步 在弹出的"放置操控器"对话框中，在"操控器初始位置"的下拉列表中选择"几何中心"，单击"平移"栏中的"Z"按钮，在右边的文本框中输入"200"，按 \<Enter\> 键。单击"放置操控器"对话框中"关闭"按钮，退出"放置操控器"对话框	
第15步 在"放置 Human02"对话框中，单击"添加对象位置"按钮	
第16步 单击"创建操作"按钮，在弹出的"操作范围"对话框中，在"范围"下拉列表中选择复合操作"Human02"，单击"确定"按钮，退出"操作范围"对话框	

（续）

操作说明	效果图
第17步 在"放置 Human02"对话框中，在"放置对象"文本框中选择托盘"Work_Table_Part"；单击"打开人体的放置操控器"按钮	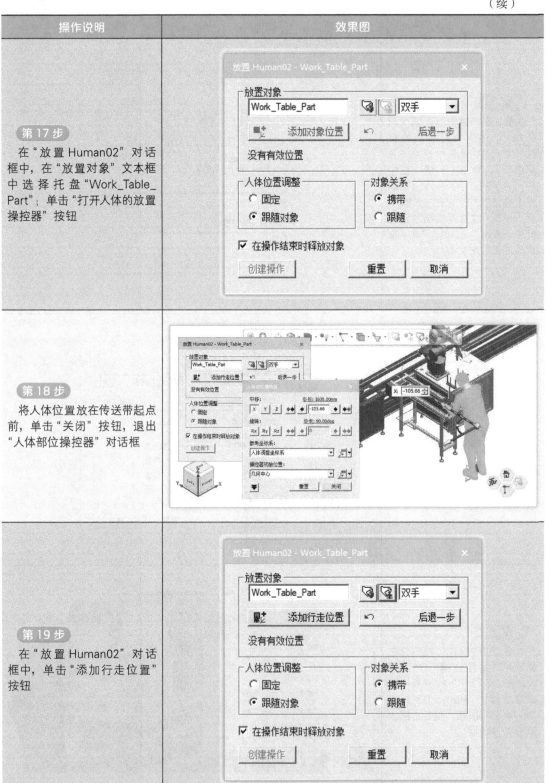
第18步 将人体位置放在传送带起点前，单击"关闭"按钮，退出"人体部位操控器"对话框	
第19步 在"放置 Human02"对话框中，单击"添加行走位置"按钮	

（续）

操作说明	效果图
第 20 步 单击"创建操作"按钮，在弹出的"操作范围"对话框中，在"范围"下拉列表中选择复合操作"Human02"，单击"确定"按钮，退出"操作范围"对话框	
第 21 步 在"放置 Human02"对话框中，"放置对象"文本框中选择托盘"Work_Table_Part"；单击"打开对象的放置操控器"按钮	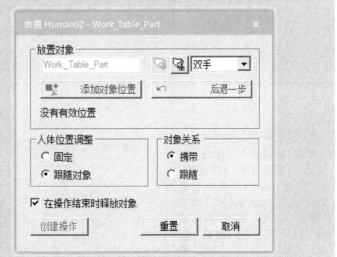
第 22 步 在弹出的"放置操控器"对话框中，在"操控器初始位置"的下拉列表中选择"几何中心"，单击"平移"栏中的"Z"按钮，在右边的文本框中输入"−188"，按 <Enter>键，将托盘放置在传送带上。单击"放置操控器"对话框中"关闭"按钮，退出"放置操控器"对话框	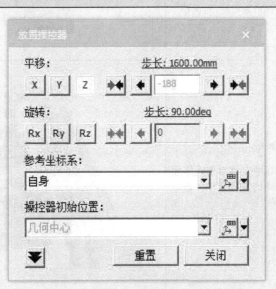

（续）

操作说明	效果图
第 23 步 在"放置 Human02"对话框中单击"添加对象位置"按钮	**放置 Human02 - Work_Table_Part** 放置对象 Work_Table_Part 双手 添加对象位置　　　后退一步 没有有效位置 人体位置调整 ○ 固定 ⊙ 跟随对象 对象关系 ⊙ 携带 ○ 跟随 ☑ 在操作结束时释放对象 创建操作　　　重置　　　取消
第 24 步 单击"创建操作"按钮，在弹出的"操作范围"对话框中，在"范围"下拉列表中选择复合操作"Human02"，单击"确定"按钮，退出"操作范围"对话框，单击"重置"按钮，再单击"取消"按钮，退出"放置 Human02"对话框	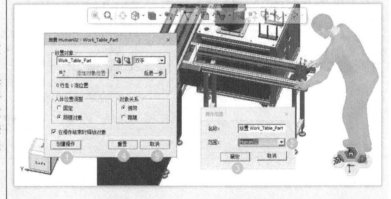
第 25 步 在图形区中左键单击人体模型，在弹出的快捷菜单中选择"默认姿势"	

（续）

操作说明	效果图
第26步 创建行走操作，使人体回到装配传送带前	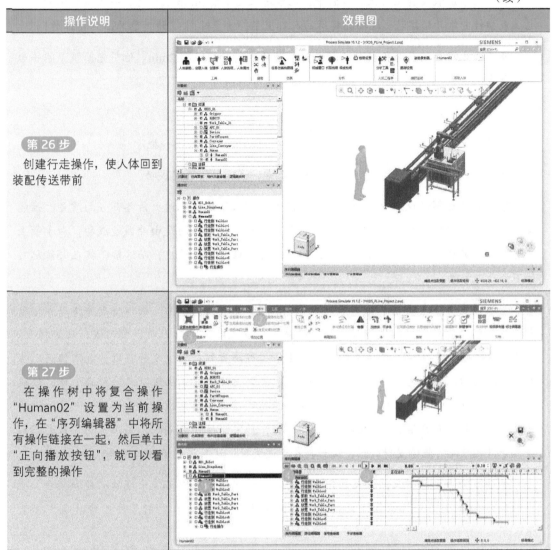
第27步 在操作树中将复合操作"Human02"设置为当前操作，在"序列编辑器"中将所有操作链接在一起，然后单击"正向播放按钮"，就可以看到完整的操作	

时代先锋——黄纬禄：千钧重压下敢拍板

"发还是不发？"对于航天任务指挥员来说，有时是极为艰难的选择。

航天工程是复杂而耗资巨大的系统工程，任一环节稍有不慎，可能造成重大损失。当箭在弦上、发射在即时，如果突发异常状况，指挥员需要在极短时间内做出决定。如果贸然发射，一旦失败，责任难逃；如果推迟发射，难免给任务进度来带影响。遇到这种情况，指挥员承受的压力可想而知。

在试验队员眼中，"两弹一星"元勋、火箭与导弹控制技术专家黄纬禄无疑是一位优秀指挥员。

在一次某运载火箭飞行试验过程中，已经进入发射前5min准备时，一级伺服机构反馈电压表指针突然开始摆动。现场指挥所的人都慌了，紧急呼叫："请黄总马上到指挥所！"

正在山上观察的黄纬禄赶到指挥所时，距离发射时间只剩2min。他听完简报，问平台测试负责人："平台怎么样？"

"平台没问题。"

黄纬禄沉吟片刻，果断下令："按时发射。"在场的人都捏了一把汗。

随着倒计时结束，火箭腾空而起，飞行正常，试验取得圆满成功。

事后黄纬禄解释说，通过平时对研制情况的深入了解，他对火箭各部分的质量、性能及工作状态都心中有数，得知平台没有问题，他断定指针摆动是由外因造成的。由于箭上传感器极为灵敏，外部一点轻微振动，甚至风都会让它出现反应，而这些干扰在火箭起飞后不会产生影响。

如果说这次应急处置中黄纬禄胸有成竹，那么在"巨浪一号"固体潜射导弹海上试验中，他扛起的责任则要沉重得多。那次海试第一发失败，参试人员寝食不安，压力极大。身为总设计师的黄纬禄一边揽责一边鼓舞士气，可是直到第二次发射临近，大家仍忐忑不安、缺乏信心。甚至连上级领导都十分动摇。发射当日凌晨，上级从北京打来电话，建议推迟发射。这让黄纬禄也犹豫起来。在这种情况下推迟发射，谁也不会怪他，可是海上条件越来越不利，而且禁航日期已向全世界公告，如果错过任务期限，高昂的花费和大家的努力会付之东流。坚持发射的话，假如再次遭遇失败，这后果他承担得了吗？

黄纬禄努力平静下来，从火箭各系统的测试情况到发射中可能出现的问题和预案，他一遍遍仔细梳理、分析。最终他拨通了领导的电话："我认为发射条件已经具备，不宜推迟。"

这次试验取得了成功。

此后一段时间，该海域的天气果然越来越差。大家在庆幸之余，对黄纬禄勇敢决断的惊人魄力和置个人得失于度外的无私品德愈加钦佩。

附 录

附录 A Process Simulate 软件的安装

　　根据用户需求的不同，Process Simulate 软件的安装分为网络浮动版和单机版两种方式。对于企业级用户，通常采用网络浮动版的安装方式；对于个人用户，建议采用单机版的安装方式。下面以 Process Simulate V15.1.2 单机版为例介绍其安装过程。

一、单机版软件的安装

　　Process Simulate V15.1.2 单机版软件的安装步骤见表 A-1。

表 A-1 Process Simulate V15.1.2 单机版的安装步骤

操作说明	效果图
第 1 步 在本地计算机上依次打开 Tecnomatix_15.1.2_Set-up\CD15.1.2_Tecnomatix 文件夹，进入软件安装文件夹	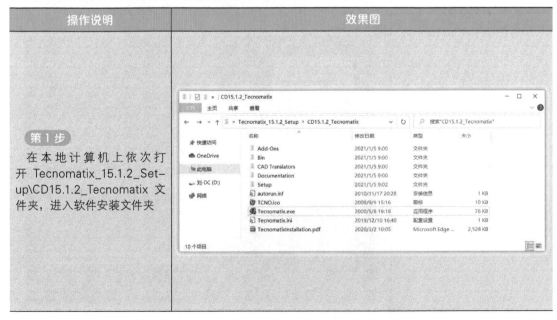

（续）

操作说明	效果图
第2步 右键单击"Tecnomatix.exe"安装文件，在弹出的快捷菜单中选择"以管理员身份运行"	
第3步 单击"Install Tecnomatix 15.1.2 Products"选项	
第4步 单击"Install Tecnomatix 15.1.2"选项	

（续）

操作说明	效果图
第 5 步 单击 "Next" 按钮	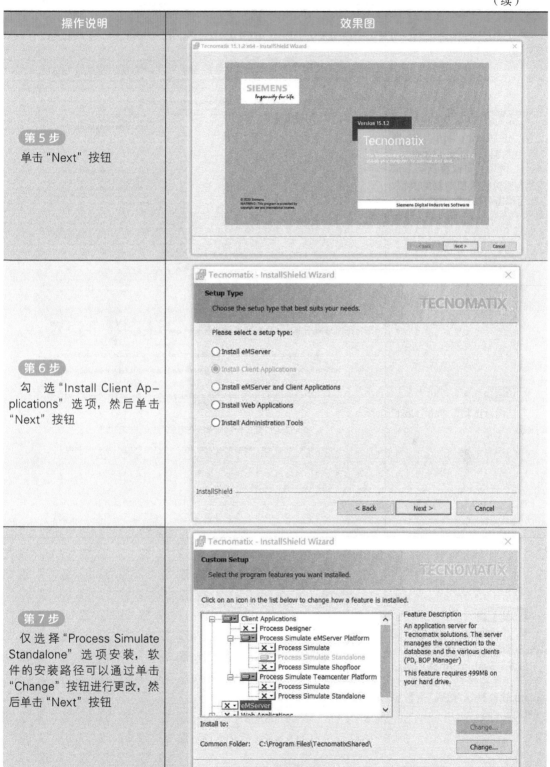
第 6 步 勾选 "Install Client Applications" 选项，然后单击 "Next" 按钮	
第 7 步 仅选择 "Process Simulate Standalone" 选项安装，软件的安装路径可以通过单击 "Change" 按钮进行更改，然后单击 "Next" 按钮	

（续）

操作说明	效果图
第 8 步 单击"Controllers"左侧的"+"图标，展开"Controllers"选项，可以根据实际需要选择机器人控制器的类型，然后单击"Next"按钮	
第 9 步 勾选同意选项，单击"Next"按钮	
第 10 步 单击"Change"按钮，更改 System Root 的位置 注意：System Root 系统根目录文件夹是 Process Simulate 软件默认存放研究数据的位置	

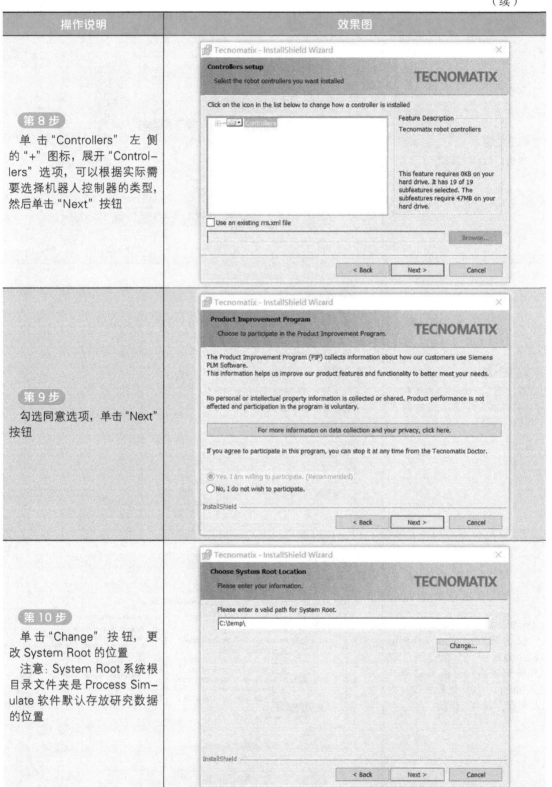

（续）

操作说明	效果图
第 11 步 单击 "Next" 按钮	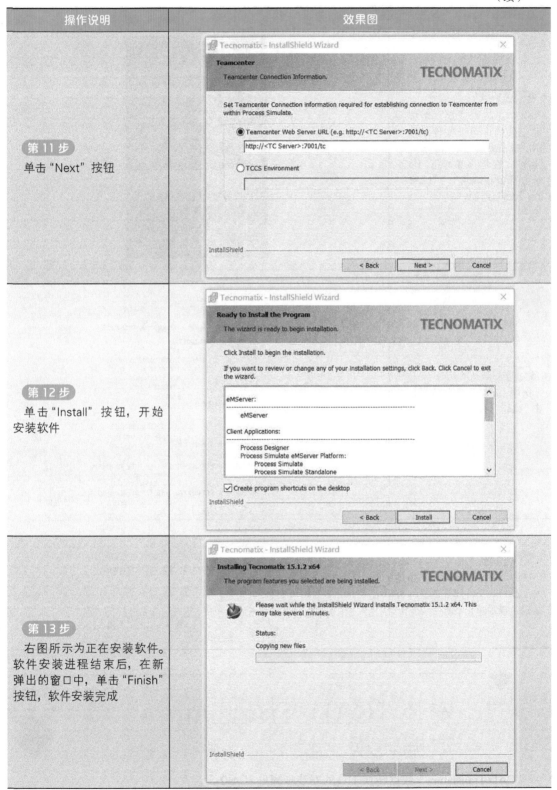
第 12 步 单击 "Install" 按钮，开始安装软件	
第 13 步 右图所示为正在安装软件。软件安装进程结束后，在新弹出的窗口中，单击 "Finish" 按钮，软件安装完成	

（续）

操作说明	效果图
第14步 软件安装完成后，需要指定正确的许可证文件才能使用。单击桌面左下角的开始按钮 ■，在程序菜单下，依次单击 "Tecnomatix" → "Licensing Tool" 选项	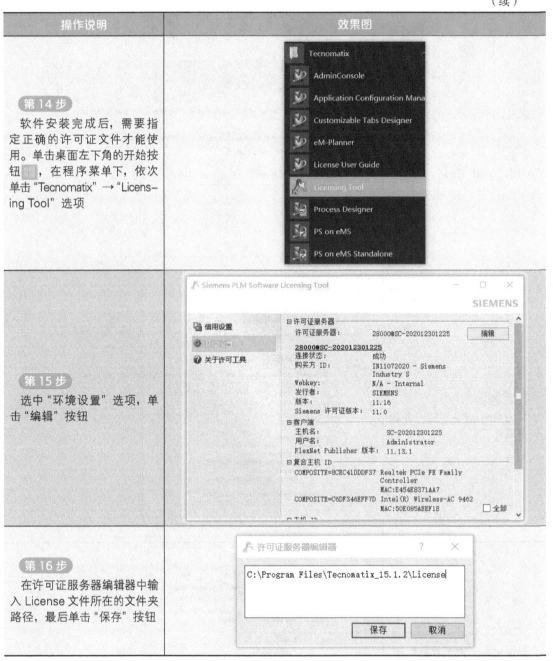
第15步 选中 "环境设置" 选项，单击 "编辑" 按钮	
第16步 在许可证服务器编辑器中输入 License 文件所在的文件夹路径，最后单击 "保存" 按钮	

 对应内容（许可证服务器编辑器）：
C:\Program Files\Tecnomatix_15.1.2\License

二、安装 "CAD Translators" 数据转换工具

"CAD Translators" 数据转换工具的安装步骤见表 A-2。

表 A-2　"CAD Translators" 数据转换工具的安装步骤

操作说明	效果图
第1步 单击 "Install Tecnomatix 15.1.2 Products" 选项	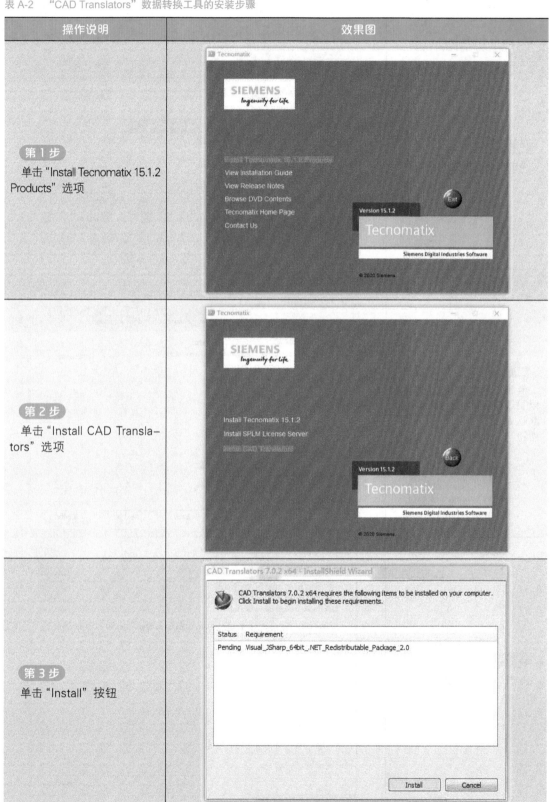
第2步 单击 "Install CAD Translators" 选项	
第3步 单击 "Install" 按钮	

（续）

操作说明	效果图
第4步 单击"Next"按钮	
第5步 单击"Change"按钮，可以更改安装路径，一般选择默认路径，然后单击"Next"按钮	
第6步 单击"Install"按钮	

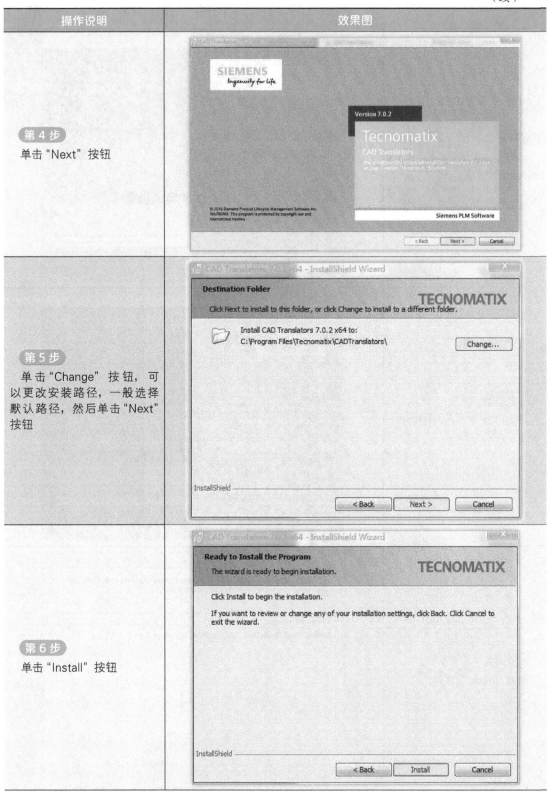

（续）

操作说明	效果图
第7步 单击"Finish"按钮，"CAD Translators"数据转换工具安装完成	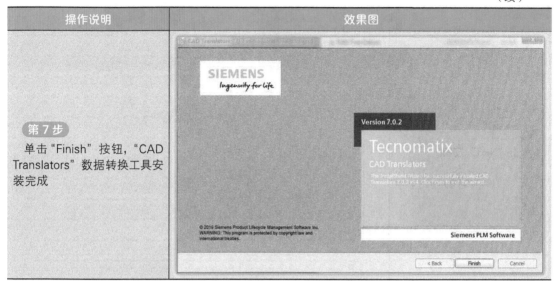

附录B　安装 Process Simulate 软件语言安装包

安装 Process Simulate 软件语言安装包的步骤见表 B-1。

表 B-1　安装 Process Simulate 软件语言安装包的步骤

操作说明	效果图
第1步 在本地计算机上依次打开 Tecnomatix_15.1.2_Setup\CD15.1.2_Tecnomatix\Add-Ons\Localization 文件夹	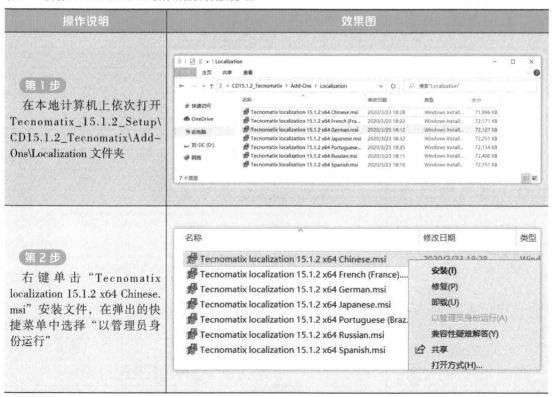
第2步 右键单击"Tecnomatix localization 15.1.2 x64 Chinese.msi"安装文件，在弹出的快捷菜单中选择"以管理员身份运行"	

（续）

操作说明	效果图
第 3 步 单击"Next"按钮	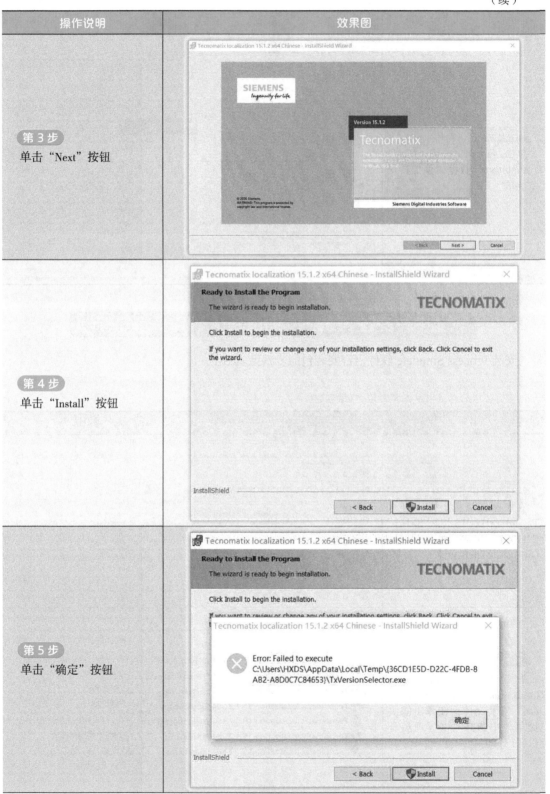
第 4 步 单击"Install"按钮	
第 5 步 单击"确定"按钮	

（续）

操作说明	效果图
第 6 步 正在安装语言包	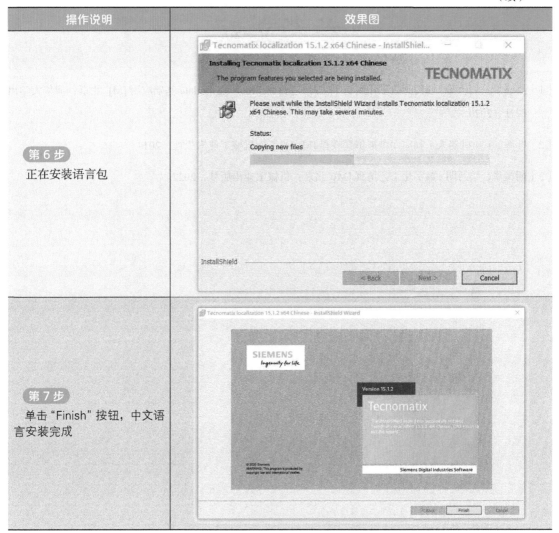
第 7 步 单击 "Finish" 按钮，中文语言安装完成	

参考文献

［1］高建华，刘永涛 . 西门子数字化制造工艺过程仿真：Process Simulate 基础应用 [M]. 北京：清华大学出版社，2020.

［2］叶晖 . 工业机器人工程应用虚拟仿真教程 [M]. 北京：机械工业出版社，2014.

［3］胡耀华，梁乃明 . 数字化工艺仿真 [M]. 北京：机械工业出版社，2022.